NOUVEAUX ÉLÉMENTS

MATHÉMATIQUES

PURES,

PAR

A. Meyer,

DOCTEUR EN SCIENCES, EMPLOYÉ AU DÉPÔT DE LA GUERRE,
PROFESSEUR DE MATHÉMATIQUES A L'INSTITUT GAGGIA ET A L'UNIVERSITÉ LIBRE.

PREMIÈRE LIVRAISON.

ARITHMÉTIQUE

Bruxelles.
LIBRAIRIE POLYTECHNIQUE,
Rue de la Madelaine, 9.
GÉRANT : AUG. DECQ.

1841

NOUVEAUX ÉLÉMENTS

DES

MATHÉMATIQUES

PURES.

Imprimerie de Delevingne et Callewaert.

NOUVEAUX ÉLÉMENTS

DES

MATHÉMATIQUES

PURES,

PAR

A. Meyer,

DOCTEUR EN SCIENCES, EMPLOYÉ AU DÉPOT DE LA GUERRE,
PROFESSEUR DE MATHÉMATIQUES A L'INSTITUT GAGGIA ET A L'UNIVERSITÉ LIBRE.

TOME PREMIER.

ARITHMÉTIQUE.

Bruxelles.
LIBRAIRIE POLYTECHNIQUE,
Rue de la Madeleine, 9,
GÉRANT : AUG. DECQ.
1841

Avant-propos.

Je dois m'expliquer sur deux points : sur la marche suivie dans ce livre, et sur l'idée qui m'a fait concevoir l'arithmétique telle que je l'ai écrite. Renversons les choses et commençons par le second point.

L'arithmétique n'a jamais été traitée d'une manière générale et appliquée à la fois, j'ai cru devoir remplir cette lacune. Les auteurs ont tort de nommer arithmétique universelle la science des formules ; la véritable arithmétique universelle est celle que je donne dans ce volume, elle fait abstraction de l'indépendance des constructions algorithmiques, pour se renfermer dans le schéma de la série particulière … $ax^n + bx^p + …$ Sans doute, le mécanisme des raisonnements analytiques est à peu près égal, quel que soit le sujet que l'on traite, mais soyons certains que l'idée seule fait la science, et que nous ne pouvons pas appeler algèbre ce qui, dans l'essence, est arithmétique.

Quant u second point, je donne ici les détails nécessaires pour le moment.

Numération.

Elle est directe et inverse; on compose et l'on forme des nombres par la voie inverse. Mais la numération implique la permutation des chiffres, elle exige la doctrine des combinaisons. Celle des logarithmes se présente encore naturellement à l'endroit où il s'agit de la génération universelle des unités, et de leur passage aux nombres.

Car si 10 exprime une unité quelconque, il faut bien que 10^p exprime, non-seulement une unité d'un ordre p (pour le cas de p entier), mais un nombre quelconque, mesuré par cette unité.

Addition.

Nous donnons d'abord les règles pour la formation des sommes, ensuite celles pour faire des sommes avec des sommes. Au reste, nous avons posé des principes, dans ce paragraphe, qui ont été souvent, et à tort, très-négligés.

Soustraction.

Après avoir expliqué comment se forment les différences, et posé les principes constitutifs de l'opération qui les donne, nous considérons ces sortes de produits comme des nombres eux-mêmes, et nous les soumettons aux opérations déjà connues, la numération, l'addition et la soustraction.

Multiplication.

Dans cette opération le binome des factorielles se présente de soi-même ; nous en avons donné une démonstration nouvelle et simple. Comparez la nôtre à celle de Vandermonde (voyez le 3ᵉ volume du traité de Lacroix, diff. int.).

Division.

L'opération la plus importante est celle-ci ; aussi, nous l'avons traitée avec soin. L'existence des facteurs, qui fait la base de la haute théorie des nombres, est assez bien développée. J'ai introduit le premier la théorie des congruences, d'après Gauss, dans une matière qui l'exige véritablement. Les séries récurrentes et les fractions continues font partie de cette opération.

Puissances, racines, etc.

En général, la marche suivie se résume ainsi :

Opérations et *Calculs.*

Opération : C'est-à-dire, exposition des théories qui constituent les calculs arithmétiques.

Calcul : C'est-à-dire, combinaison, par les opérations déjà enseignées, du produit d'une nouvelle opération.

Je m'explique par cet exemple :

Après avoir appris les règles pour la formation des puissances, je considère les puissances comme des formes numériques nouvelles, sur lesquelles j'opère les calculs déjà connus, depuis la numération jusqu'à la formation des puissances.

Je demande sur un point l'indulgence des lecteurs rigoureux. J'ai fait une chose peu admissible (sévèrement parlant), je me suis souvent servi de la méthode par induction. Cependant je ne l'ai fait que dans le commencement, quand je ne possédais pas encore des

moyens de raisonnement plus puissants. Aussi, le lecteur doit s'a-
percevoir que j'abandonne ces ressources à mesure que j'acquière
des forces nouvelles ; et encore malgré cela j'aime un peu ces
moyens, peut-être trop négligés ; car, mieux que d'autres méthodes,
ils font connaître la simplicité native et le mécanisme des calculs.

INTRODUCTION.

—

L'objet principal de l'arithmétique est la formation des nombres.

Un *nombre* est une collection *déterminée* d'objets de même espèce, appelés *unités*.

Lorsqu'on conserve à des unités leurs dénominations spécifiques, le nombre qui en est la collection se nomme un nombre *concret*. Par exemple, si la dénomination des unités dont la collection constitue le nombre *cinq* est *franc*, on a le nombre concret cinq francs.

Lorsqu'on fait abstraction de la dénomination de l'unité, le nombre qui s'y rapporte est dit *abstrait*; tel est le nombre *cinq*.

L'arithmétique *pure* s'occupe de la formation des nombres *abstraits*; l'arithmétique *appliquée* a pour objet la formation des nombres *concrets*.

On appelle *quantité*, une collection *non déterminée* d'objets de même espèce. Par exemple, une somme de pièces de cinq francs renfermées dans un sac, est une *quantité* de pièces pour celui qui n'a pas compté les espèces qui s'y trouvent.

Une quantité devient un nombre, lorsqu'on compte ou que l'on mesure les objets dont elle est la réunion indéterminée.

La formation des nombres consiste, par conséquent, dans deux méthodes essentiellement différentes.

La 1re a pour objet la transformation des quantités en nombres ; elle constitue le *mesurage* des quantités ou les *méthodes métriques*. La 2e se rapporte aux méthodes de calcul nommées *opérations*. La 1re a pour objet l'arithmétique appliquée ; celle-ci est l'objet de l'arithmétique pure.

Les opérations sont, en général, de deux espèces, *progressives* et *régressives*. Par les premières on *compose* un nombre par le moyen d'autres nombres considérés comme éléments ; par les secondes on *décompose* un nombre formé en ses éléments.

Les opérations progressives consistent dans l'*addition* et ses variétés.

Les opérations régressives consistent dans la soustraction et ses variétés.

Par l'addition on réunit en une seule collection d'unités plusieurs groupes d'unités de même espèce. Le résultat se nomme *somme*.

Par la soustraction, au contraire, on décompose un groupe d'unités unique en plusieurs autres. Le résultat se nomme *différence*.

Lorsque les groupes d'unités dont on se propose de faire un seul groupe sont tous égaux, on obtient le résultat demandé par un procédé d'addition abrégée, auquel on a donné le nom de *multiplication*.

Dans la multiplication on distingue deux nombres différents ; l'un indique celui des unités des groupes égaux à réunir en un seul, et l'autre marque le nombre de ces groupes. On donne le nom de *facteurs* à ces nombres. Le résultat de la multiplication, obtenu par plusieurs facteurs différents, se nomme un *produit*.

Lorsque les facteurs d'un produit sont eux-mêmes égaux, on nomme ce produit une *puissance* ; et la multiplication *abrégée* par laquelle on forme ces sortes de produits constitue une nouvelle opération à laquelle on pourrait donner le nom de *puissantiation*.

Les opérations progressives ont donc pour objet les règles pour la formation des *sommes*, des *produits* et des *puissances*.

Lorsque les groupes dans lesquels on veut décomposer un nombre doivent être tous égaux, la soustraction *abrégée* par laquelle on fait cette décomposition se nomme une *division*. Si l'on veut décomposer une puissance en ses facteurs égaux, on a recours aux opérations que l'on nomme *extraction des racines*.

Par conséquent les opérations régressives consistent dans la formation des différences, des quotients et des racines.

Les opérations progressives et régressives dont nous venons d'indiquer la nomenclature constituent l'ensemble des *opérations élémentaires*. En combinant ces opérations deux à deux, trois à trois, etc., on obtient les opérations que nous désignerons sous le nom d'opérations *complexes*. Nous exposerons dans ce Traité les règles qui se rapportent à ces opérations, à la suite de celles pour les opérations élémentaires.

Nous désignerons ces opérations complexes, pour abréger, du nom de *calcul*. Ainsi, après avoir expliqué les règles pour la formation des sommes, des différences, etc., nous passerons à la partie qui porte pour titre Calcul des sommes, des différences, etc.

On appelle *forme* d'un nombre, l'ensemble des opérations par lesquelles ce nombre doit être produit. Il y a donc autant de formes de nombre qu'il y a d'opérations élémentaires et complexes. Un même nombre peut avoir une infinité de formes : c'est ainsi que 4 fois 3, 17 moins 5, 9 plus 3, etc., sont des formes différentes du même nombre 12.

La *valeur* d'un nombre est indépendante de sa forme, elle consiste uniquement dans la collection déterminée de ses unités.

Deux nombres peuvent avoir la même valeur et la même forme ; on dit alors que ces nombres sont *identiques* ; et le rapport lui-même entre ces nombres se nomme une *identité*.

Deux nombres peuvent avoir la même valeur sans avoir la même forme ; on dit alors que ces nombres sont *égaux*, et le rapport lui-même entre de tels nombres est appelé une *égalité*.

L'égalité devient une *proportion* lorsqu'elle est établie entre deux sommes, deux différences, deux produits ou deux quotients.

L'égalité devient une *équation*, lorsque un ou plusieurs des nombres qui la composent sont *inconnus*.

On nomme *inégalité*, le rapport entre deux nombres qui n'ont pas la même valeur, et qui diffèrent ou ne diffèrent pas de forme.

Pour indiquer une égalité ou une identité, on place le signe = (égal à) entre les nombres qui sont égaux ou identiques. Ces nombres constituent les membres de l'égalité.

Pour marquer qu'un nombre est plus grand qu'un autre, nous emploierons le signe $>$, en tournant l'ouverture du côté du plus grand nombre. Ainsi $9 > 4$, se lit : 9 plus grand que 4 ; inversement $4 < 9$, s'énonce : 4 plus petit que 9.

Les règles pour la transformation des formes les unes dans les autres constituent une branche importante de la science des nombres. C'est à ces sortes de transformations que l'on doit rapporter les développements des nombres en sommes infinies équivalentes, en fractions continues, etc. Cependant la marche que nous avons adoptée ne nous permet pas de faire de cette partie de la science un objet unique ; les préceptes qui s'y rattachent trouveront naturellement leur place dans la partie de chaque opération que nous avons désignée par le nom de calcul.

Les développements qui précèdent conduisent naturellement à conclure que l'essence des matières qui font l'objet de l'arithmétique consiste, de même que celle de tout calcul, dans la *génération*, la *transformation*, et la *comparaison* des nombres.

La *génération* établit les règles pour la formation des nombres par les opérations élémentaires et complexes.

La *transformation* établit les règles relatives à la transition d'une forme de nombre en une autre. Elle constitue principalement la doctrine des *séries* et des fractions *continues*.

La *comparaison* des nombres embrasse les préceptes pour la formation, la transformation et la résolution des identités, des égalités, des proportions, des équations et des inégalités.

PREMIÈRE PARTIE.
GÉNÉRATION ET TRANSFORMATION DES NOMBRES.

CHAPITRE PREMIER.
GÉNÉRATION DES SOMMES.

La génération des sommes peut être considérée sous deux points de vue différents, savoir : 1° comme génération de tous les nombres par l'addition successive de l'unité ; 2° comme génération d'une seule collection d'unités, équivalente à plusieurs autres. La première manière d'envisager la génération des sommes constitue la *numération progressive*, la seconde manière se rapporte à l'*addition* proprement dite.

§ 1. DE LA NUMÉRATION PROGRESSIVE.

La numération progressive a pour objet d'établir les conventions par lesquelles il devient possible d'écrire et de lire, par un nombre de signes limités, tous les nombres qui résultent de la réunion de deux, de trois, etc., unités fondamentales.

L'unité fondamentale est une valeur quelconque uniquement considérée par rapport au tout qu'elle présente, c'est-à-dire abstraction faite de la pluralité de ses parties.

L'unité fondamentale ou simple est toujours désignée par le signe ou chiffre 1, que l'on prononce *un*. Cette unité doit être considérée comme la mesure fondamentale de tous les nombres. Cependant comme le nombre de collections de deux, de trois, etc., de ces unités est infini, il faudrait une infinité de signes, écrits ou parlés, pour désigner tous les nombres mesurés par cette unité : circonstance qui rendrait la numération impossible. De là la nécessité de classifier les unités.

La classification des unités; la formation des nombres rapportés à la même classe d'unités; puis la formation des nombres qui résultent de la réunion de plusieurs autres rapportés à des unités différentes, constituent l'objet principal de la numération.

Nous nommerons *nombres simples* ceux qui sont rapportés à la même classe d'unités, et *nombres composés* ceux qui sont formés de la réunion de plusieurs nombres simples, rapportés chacun à une unité différente.

Il suit de là que la numération se partage naturellement en trois parties qui sont :

1° La *numération des unités ;*

2° La *numération des nombres simples ;*

3° La *numération des nombres composés ;*

A. *Numération des Unités.*

La numération des unités est basée sur les principes suivants :

1° Une unité d'une espèce quelconque doit être une collection d'un *même* nombre d'unités de l'espèce immédiatement inférieure.

Car si chaque unité d'une espèce supérieure n'était pas formée d'un *même* nombre d'unités de l'espèce inférieure, non-seulement il n'y aurait pas d'uniformité dans la numération, mais il serait impossible de représenter toutes les unités, et par suite tous les nombres, par un nombre de signes *limités.*

2° Les différentes espèces d'unités ne peuvent pas être représentées par des signes différents.

Car autrement il faudrait une infinité de signes.

Conséquences du premier principe. — Le nombre *constant* d'unités dont la collection doit former une unité immédiatement supérieure, est *arbitraire.* Sa valeur constitue la *base* et le *système* de numération.

Pour désigner une collection d'unités indéterminées, nous emploierons, en général, l'une quelconque des lettres de l'alphabet.

Soit donc a la base d'un système quelconque de numération, nous pourrons dire généralement que, dans tout système de numération, *une unité supérieure est la collection de a unités immédiatement inférieures.*

Si a est égal à 1, on a le système de numération *unitaire,* impossible à réaliser.

Si a est égal à *deux,* on a le système *binaire;* par conséquent dans ce système une unité supérieure vaut deux unités inférieures.

Si a est égal à *trois*, on a le système *ternaire*, et ainsi de suite.

Le système de numération généralement adopté est celui où $a = dix$. C'est le système de numération *décimale*. Dans ce système *une unité supérieure vaut dix unités immédiatement inférieures.*

Conséquences du second principe. — Les signes dont on se sert pour représenter une unité quelconque, dans un système quelconque, sont au nombre de deux : savoir, 1 ou *un*, et 0 qui se prononce *zéro*.

Voici la convention par laquelle on rend possible la formation de toutes les espèces d'unités par le moyen de ces deux signes :

Pour désigner une unité d'une espèce supérieure, écrivez à la droite de l'unité immédiatement inférieure un zéro.

Il suit de là qu'une unité quelconque a toujours à sa droite un zéro de plus que l'unité immédiatement inférieure.

Par conséquent pour désigner une unité qui vaut *a* fois l'unité fondamentale, on écrira 10. L'unité 10 représente une unité de la 1re espèce dans le système dont la base est *a*. Pour représenter dans le même système une unité de la 2° espèce on écrira 100 ; elle vaut *a* fois l'unité de la 1re espèce ou 10 ; et ainsi de suite.

Ainsi dans le système dont la base est *huit*, chacune des unités, 1, 10, 100, 1000, etc., vaudront huit fois celle qui la précède immédiatement. Dans le système *décimal*, chacune vaudra dix fois celle qui la précède.

Pour abréger l'écriture des zéros on se sert de chiffres que l'on place à droite au-dessus de 10. Ce chiffre représente toujours le numéro de l'espèce à laquelle l'unité appartient.

Exemple. Les indications 10^1, 10^2, 10^3, etc., marquent respectivement des unités de la 1re, de la 2°, de la 3°, etc., espèce, et remplacent respectivement les notations 10, 100, 1000, etc.

Les chiffres 1, 2, 3, etc., placés, ou exposés au-dessus de dix se nomment quelquefois les *exposants* de 10, quoiqu'il serait plus naturel de leur donner le nom d'*indicateurs*. Les exposants, comme l'on voit, marquent le nombre de zéros qu'il faut mettre à la droite de l'unité fondamentale pour avoir l'unité supérieure que l'on considère. Par conséquent si nous employons le signe °, pour marquer qu'il ne faut pas mettre de zéro à la droite de l'unité fondamentale, il est clair que cette unité pourra être représentée par 10° ; on a donc, par cette convention, $10^\circ = 1$.

En général, si *n* désigne une collection quelconque d'unités fondamentales, il est clair qu'on pourra représenter par

$$10^n$$

une espèce quelconque d'unités, dans un système de numération quelconque.

Si l'on fait *n* successivement égal à 0, 1, 2, 3, etc., on aura respectivement

$$10^0, \ 10^1, \ 10^2, \ 10^3, \text{ etc.,}$$

ou

$$1, \ 10, \ 100, \ 1000, \text{ etc.,}$$

c'est-à-dire successivement les unités de toutes les espèces.

Comme une unité est suivie d'un zéro de plus que l'unité immédiatement inférieure, de deux zéros de plus que celle qui la précède de deux rangs, et ainsi de suite, il s'ensuit qu'en général une unité plus élevée de p rangs qu'une unité donnée, aura p zéro de plus. Par conséquent si celle-ci est représentée par 10^m, l'autre le sera par 10^{m+p}.

Mais comme une unité supérieure fait autant de fois l'unité inférieure qu'il est marqué par la base, il est clair qu'on aura successivement, quel que soit 10,

$$1°\ 1 \text{ fois } 10 = 10^1;$$
$$10 \text{ fois } 10 = 100 = 10^2;$$
$$10 \text{ fois } 10 \text{ fois } 10 = 10 \text{ fois } 100 = 1000 = 10^3;$$
$$10 \text{ fois } 10 \text{ fois } 10 \text{ fois } 10 = 10 \text{ fois } 1000 = 10000 = 10^4;$$
$$\text{etc., etc.}$$

$$2°\ 10^{m+1} = 10^m \text{ fois } 10^1;$$
$$10^{m+2} = 10^{m+1} \text{ fois } 10 = 10^m \text{ fois } 10^2;$$
$$10^{m+3} = 10^{m+2} \text{ fois } 10 = 10^m \text{ fois } 10^3;$$
$$\text{etc.;}$$

d'où il suit qu'en général

$$10^{m+p} = 10^m \text{ fois } 10^p.$$

Dans le système décimal on partage les unités en ordres, et chaque ordre en trois espèces, auxquelles on donne les noms d'*unités simples*, de *dizaines*, et de *centaines*. Chaque ordre a par conséquent ses unités simples, ses dizaines et ses centaines. Les trois espèces d'unités du 1er ordre ne reçoivent pas de dénomination particulière, on pourrait cependant donner à cet ordre le nom d'unités *primitives*. Les unités du 2° ordre sont nommées *mille*, celles du 3° *millions*, celles du 4° *billions*, etc. Une dizaine d'un même ordre a un zéro de plus que l'unité simple, et la centaine un zéro de plus que la dizaine, et par conséquent deux zéros de plus que l'unité simple. Il suit de là qu'un ordre quelconque d'unités a trois zéros de plus que l'unité de la même espèce de l'ordre immédiatement inférieur.

Par conséquent si n désigne un nombre quelconque, il est clair qu'en faisant suivre 1 successivement de 3 fois n zéro, de 3 fois n plus 1 zéro, puis de 3 fois n plus 2 zéros, on aura respectivement les 3 espèces d'unités du n plus unième ordre. Si nous désignons 3 fois n, simplement par $3.n$, et le mot *plus* par le signe $+$, il est clair que les 3 espèces d'unités du n^e ordre pourront être représentées par

$$10^{3.n}, \text{ ou } \textit{unité simple} \text{ de l'ordre } n;$$
$$10^{3.n+1}, \text{ ou } \textit{dizaine} \text{ de l'ordre } n;$$
$$10^{3.n+2}, \text{ ou } \textit{centaine} \text{ de l'ordre } n.$$

Pour résumer la classification des unités décimales ascendantes, ajoutons le tableau suivant :

TABLEAU
DES UNITÉS DÉCIMALES ASCENDANTES.

SIGNE DE L'UNITÉ FONDAMENTALE.	SIGNES DES ORDRES.	SIGNES DES ESPÈCES.
	1ᵉʳ ORDRE. Unités primitives.	» unités simples.
		0 dizaines.
	»	00 centaines.
	2ᵉ ORDRE. Mille	» unités simples.
		0 dizaines.
	000	00 centaines.
1	3ᵉ ORDRE. Millions	» unités simples.
		0 dizaines.
	000 000	00 centaines.
	4ᵉ ORDRE. Billions.	» unités simples.
		0 dizaines.
	000 000 000	00 centaines.
	etc.	etc.

Il devient maintenant facile de lire et d'écrire une unité décimale quelconque ; pour cela suivez les deux règles que voici :

1ʳᵉ *Règle.* Pour écrire une unité prononcée il faut

1° mettre à la droite du chiffre 1 le nombre de zéros voulu par son espèce ;

2° mettre à la droite de ces zéros, le nombre de zéros voulu par l'ordre auquel l'unité prononcée appartient.

Exemple. Écrire *une centaine de billions.*

L'espèce de l'unité, dans cet exemple, est la centaine, dont le signe distinctif est 00 ; on écrira donc 100.

L'ordre de l'unité énoncée est celui des billions, qui a pour caractéristique 000 000 000 ; en écrivant ces derniers zéros à la droite de 100, on aura, pour l'unité demandée

$$100\ 000\ 000\ 000.$$

2º *Règle.* Pour lire une unité écrite, il faut

1º reconnaître l'ordre et l'espèce à laquelle cette unité appartient. Pour cela on partagera l'unité écrite en tranches de trois zéros chacune, en allant de la droite vers la gauche. Le nombre de tranches de 3 zéros fera connaître l'ordre, et le nombre de zéros, au-dessous de trois, contenus dans la dernière tranche à gauche fera connaître l'espèce de l'unité donnée.

2º Énoncer d'abord l'espèce, puis l'ordre.

Exemple. Énoncer 10000000 ?

Après avoir partagé cette unité en tranches de trois zéros, on a

$$10\ 000\ 000.$$

Comme il y a deux tranches de trois zéros, l'unité écrite appartient à l'ordre des millions. Et comme il n'y a qu'un seul zéro dans la dernière tranche à gauche, l'unité proposée est de l'espèce des dizaines. On a donc, pour l'unité demandée

une dizaine de millions.

Remarque. Au lieu de dire *une dizaine, une centaine, un mille,* etc. ; on dit presque toujours *dix, cent, mille,* etc.

B. *Numération des nombres simples.*

Les collections successives de deux, de trois, etc., unités de la même espèce, jusqu'à celle inclusivement dont le nombre est égal à la base du système de numération moins un, se nomment des *nombres simples.*

Désignons, en général, par b l'une quelconque de ces collections, et par a la base du système de numération ; il est clair que la plus grande valeur de b sera a, diminué d'une unité, ou $a - 1$. Nous désignons le mot *diminué de*, par le signe $-$, que l'on prononce *moins.*

Par conséquent si 10^n représente une unité d'une espèce quelconque, on aura pour la représentation d'un nombre simple, rapporté à cette unité,

$$b \text{ fois } 10^n, \text{ ou } b.10^n.$$

Nous remplaçons par *un point*, mis entre b et 10^n, le mot *fois.*

L'expression $b.10^n$ est souvent, et presque toujours, remplacée par le chiffre b suivi de n zéro, de même qu'on remplace 10^n par 1 suivi de n zéro.

La numération des nombres simples consiste donc, au fond, dans l'établissement des signes conventionnels par lesquels on désigne, en écriture et en lecture, toutes les valeurs de b.

Or b désigne indistinctement chacun des groupes d'unités fondamentales suivants :

$$1 + 1$$
$$1 + 1 + 1$$
$$1 + 1 + 1 + 1$$
$$\text{etc.,}$$

jusqu'au groupe qui est la collection de $a - 1$ unités fondamentales.

Comme dans le système de numération décimale, la base a est égale à dix, on aura dans ce système pour b les huit valeurs suivantes :

$$1 + 1$$
$$1 + 1 + 1$$
$$1 + 1 + 1 + 1$$
$$1 + 1 + 1 + 1 + 1$$
$$1 + 1 + 1 + 1 + 1 + 1$$
$$1 + 1 + 1 + 1 + 1 + 1 + 1$$
$$1 + 1 + 1 + 1 + 1 + 1 + 1 + 1$$
$$1 + 1 + 1 + 1 + 1 + 1 + 1 + 1 + 1$$

On désigne ces collections d'unités respectivement par les chiffres,

$$2, 3, 4, 5, 6, 7, 8, 9,$$

que l'on prononce

deux, trois, quatre, cinq, six, sept, huit, neuf.

Ces chiffres constituent les nombres *simples élémentaires*, ou fondamentaux du système décimal.

Comme $b.10^n$ représente un nombre simple d'une espèce quelconque, il est clair que si nous posons b successivement égal à 2, 3, 4...9, on aura les huit expressions suivantes pour représenter, dans le système décimal, tous les nombres simples d'une espèce quelconque :

$$2.10^n, 3.10^n, 4.10^n, 5.10^n, 6.10^n, 7.10^n, 8.10^n, 9.10^n.$$

De plus,

comme les expressions $10^{3n+0}, 10^{3n+1}, 10^{3n+2}$, désignent les trois espèces d'unités de l'ordre $n+1$, il est clair qu'en faisant b successivement égal à 2, 3, 4, 5, 6, 7, 8, 9, les trois expressions

$$b.10^{3n+0}, b.10^{3n+1}, b.10^{3n+2}$$

représenteront collectivement, dans le système décimal, les trois espèces de nombres simples de l'ordre $n+1$.

Si nous faisons n successivement égal à 1, 2, 3, etc., nous aurons respectivement, pour l'ordre des mille, les 3 espèces

$$b.10^3 \text{ ou } b000$$
$$b.10^4 \text{ ou } b0,000$$
$$b.10^5 \text{ ou } b00,000$$

pour l'ordre des millions

$$b.10^6 \text{ ou } b000{,}000$$
$$b.10^7 \text{ ou } b0{,}000{,}000$$
$$b.10^8 \text{ ou } b00{,}000{,}000\,;$$

pour l'ordre des billions

$$b.10^9 \text{ ou } b000{,}000{,}000$$
$$b.10^{10} \text{ ou } b0{,}000{,}000{,}000$$
$$b.10^{11} \text{ ou } b00{,}000{,}000{,}000\,;$$
$$\text{etc.}$$

Il devient maintenant facile de formuler *une règle* pour lire et écrire un nombre simple quelconque, car *il suffira de lire ou d'écrire la valeur du chiffre* b *et de lui donner la dénomination ou le signe écrit de l'unité à laquelle il est rapporté.*

Exemple. Pour écrire le nombre simple *neuf centaines de millions*, j'écrirai le chiffre 9 en le faisant suivre de huit zéros, c'est-à-dire du signe qui convient à l'unité *une centaine de millions*. Le même nombre, écrit par la notation des exposants, serait 9.10^8.

Il nous reste encore à faire voir la liaison entre les unités et les nombres simples.

Remarquons d'abord que dans un système de numération dont la base est a, en désignant par b les chiffres de ce système, on aura pour la plus petite valeur de b, le nombre 2, et pour la plus grande valeur $a-1$; par conséquent b représente collectivement tous les nombres naturels depuis 2 jusqu'à $a-1$ inclusivement. Le nombre de chiffres représenté par b est par conséquent $a-2$, et comme on emploie les deux chiffres 1 et 0 pour représenter les unités, il est clair que le nombre total de signes conventionnels nécessaires pour représenter un nombre quelconque dans le système dont la base est a, est égal à la valeur de cette base. C'est ainsi que dans le système décimal, on se sert de dix caractères pour représenter tous les nombres.

Or, comme une unité d'une espèce supérieure est égale à $a-1$ unités de l'espèce immédiatement inférieure, plus une unité de cette espèce, il est clair qu'on a généralement

$$10^n = (a-1).10^{n-1}$$
$$10^{n-1} = (a-1).10^{n-2} + 10^{n-2}$$
$$10^{n-2} = (a-1).10^{n-3} + 10^{n-3},$$
$$\text{etc.}$$
$$10^2 = (a-1)10 + 10$$
$$10 = (a-1)10^0 + 10^0.$$

mais en ajoutant toutes ces égalités, ce qui se fait en mettant le signe $+$ (plus) entre les quantités à ajouter, on aura évidemment

$$10^n + 10^{n-1} + 10^{n-2} + \ldots + 10^2 + 10^1 = (a-1).10^{n-1} + (a-1).10^{n-2}$$
$$+ (a-1).10^{n-3} \ldots + (a-1).10^1 + (a-1).10^0 +$$
$$10^{n-1} + 10^{n-2} + \ldots + 10^1 + 10^0.$$

par conséquent, si nous supprimons, dans les deux membres de l'égalité précédente, la quantité commune

$$10^{n-1} + 10^{n-2} + \ldots + 10^1,$$

on aura, pour la liaison demandée,

$$10^n = (a-1).10^{n-1} + (a-1).10^{n-2} + (a-1).10^{n-3} + \ldots + (a-1).10^0 + 10^0.$$

Dans le système de numération décimale, on a $a - 1 = 9$; on a donc, pour ce système

$$10^n = 9.10^{n-1} + 9.10^{n-2} + 9.10^{n-3} + \ldots + 9.10^0 + 10^0 \text{ ou } 1.$$

Si nous faisons n successivement égal à 1, 2, 3, etc., on trouve

$$10^1 = 9 + 1$$
$$10^2 = 9.10^1 + 9.10^0 + 10^0 = 9.10 + 9 + 1 = 90 + 9 + 1$$
$$10^3 = 9.10^2 + 9.10^1 + 9.10^0 + 10^0 = 900 + 90 + 9 + 1,$$
$$\text{etc.}$$

Soit b l'un quelconque des chiffres du système dont la base est a, on aura, pour la liaison des nombres simples avec les unités inférieures, évidemment la relation

$$b.10^n = b.(a-1).10^{n-1} + b.(a-1).10^{n-2} + \ldots + b.(a-1).10^0 + b.$$

Par exemple, pour $a = 10$, $b = 7$, $n = 3$, on a

$$7000 = 7.900 + 7.90 + 7.9 + 7.$$

C. *Numération des nombres composés.*

Un nombre composé est la collection de plusieurs nombres simples rapportés à des unités différentes.

Si nous désignons par

$$10^n, 10^p, 10^q, \text{etc.,}$$

des unités différentes dans le système dont la base est a, et par b, c, d, etc., respectivement les chiffres de ce système, on aura, pour la désignation générale d'un nombre composé quelconque

$$b.10^n + c.10^p + d.10^q +, \text{etc.}$$

ou bien,

b, suivi de n. zéro, $+\, c$, suivi de p zéro, $+\, d$, suivi de q zéro, $+$, etc.

Pour abréger l'indication de ces sortes de sommes, on est convenu d'écrire les chiffres b, c, d, etc. sans faire usage du signe $+$, de manière que chacun ait à sa droite un nombre de places marquées par les exposants n, p, q, etc.

Supposons, par exemple, que n soit plus grand que p; p, plus grand que q, etc., il est clair qu'en écrivant à la droite de d, q zéro; entre p et q, un nombre de zéros marqués par p moins $q+1$; entre b et c, un nombre de zéros marqués par n moins $p+1$, on pourra écrire la somme précédente ainsi qu'il suit : b00... c000... d00...

Par exemple, si $n=9$, $p=5$, $q=2$,

en écrivant entre b et c, 9 moins $5+1$, ou 3 zéros, entre c et d, un nombre de zéros marqués par 5 moins $2+1$, ou 2 zéros, on aura, au lieu de

$$b.10^9 + c.10^5 + d.10^2,$$

la désignation suivante, beaucoup plus simple :

$$b000 \; c00 \; d00.$$

Lorsque les indicateurs n, p, q, etc., ne diffèrent entre eux que d'une unité, on aura, pour représenter généralement les nombres composés, dans lesquels ce cas se présente, l'expression

$$b.10^n + c.10^{n-1} + d.10^{n-2} + ...$$

Par conséquent, dans ce cas, le nombre de zéros à placer entre b et c, entre c et d, etc., afin de représenter la somme précédente plus commodément, sera nul, et l'on aura évidemment

$$b.10^n + c.10^{n-1} + d.10^{n-2} + ... = bc\,d000...$$

Il est maintenant facile de comprendre le principe général qui régit la numération des nombres composés.

Dans tout système de numération, un chiffre quelconque d'un nombre composé, est rapporté à une unité qui vaut autant de fois l'unité du chiffre à droite, qu'il est marqué par la base.

Soit, par exemple, $bcdef...$ un nombre écrit dans le système dont la base est a ; conformément au principe précédent, l'unité du chiffre e vaudra a fois celle de f ; l'unité de d sera a fois celle de e ; et ainsi de suite.

Dans le système de numération décimale, où la base est dix, un chiffre quelconque est rapporté à une unité qui vaut dix fois celle du chiffre à droite.

Les considérations précédentes conduisent naturellement à la règle pour lire et écrire un nombre composé décimal. En effet il *suffira de décomposer ce nombre en ses nombres simples, puis de lire ou d'écrire chacun de ces derniers.*

Pour décomposer un tel nombre, on écrira à la droite de chacun de ses chiffres autant de zéros qu'il y a de chiffres à sa droite. Par exemple 4583 est égal à $4000 + 500 + 80 + 3$; ou 4 mille 5 cent quatre-vingt-trois.

En général, l'*écriture* d'un nombre composé consiste dans la transformation des sommes de la forme

$$b.10^n + c.10^{n-1} + d.10^{n-2} + ...$$

en sommes abrégées de la forme

$$bcd...$$

et la *lecture* d'un nombre composé consiste, au contraire, dans la transformation des sommes de la forme

$$bcd\ldots$$

en sommes de la forme

$$b.10^n + c.10^{n-1} + d.10^{n-2} + \ldots$$

Ainsi, par exemple, écrire le nombre

quatre mille cinq cent quatre-vingt-trois ;

c'est transformer la somme

$$4000 + 500 + 80 + 3$$

en

$$4583.$$

Ensuite, lire le nombre 4583, c'est le transformer en

$$4000 + 500 + 80 + 3.$$

Cependant, pour éviter les décompositions effectives en nombres simples, on
prescrit, pour la lecture des nombres décimaux, la règle suivante :

*Pour lire un nombre composé, on commence par reconnaître les ordres d'unités
auquels ses divers chiffres sont rapportés; après quoi on énonce les espèces de chaque
ordre en commençant par l'ordre et les unités les plus élevées.* Pour reconnaître
les divers ordres d'unités d'un nombre composé, on le partage en tranches
de trois chiffres de la droite vers la gauche.

Exemple. Lire le nombre 4389823005? Je commencerai par reconnaître les
ordres, c'est-à-dire je partagerai en tranches de trois chiffres de la droite vers
la gauche ; j'aurai alors

$$4,389,823,005 ;$$

d'où je conclurai que le nombre se rapporte à 4 ordres d'unités, qui sont les
unités simples, composées de la tranche 005 ; les *mille*, composés de la tranche 823 ; les *millions*, composés de 389 ; enfin les 4 *billions*. J'énoncerai ensuite les unités de chaque ordre en commençant par les plus élevées ; j'aurai
de cette sorte

quatre billions,
trois cent quatre-vingt-neuf millions,
huit cent vingt-trois mille,
cinq unités simples.

De même pour écrire un nombre énoncé, *on écrira d'abord les espèces de*
l'ordre le plus élevé, et l'on descendra jusqu'à l'ordre le plus inférieur, en ayant
soin de remplacer par des zéros les espèces ou les ordres manquants.

Exemple. Écrire *quarante-cinq millions, trois mille, deux cent cinquante-huit*
unités simples ?

J'écrirai les espèces de l'ordre le plus élevé, savoir : 45 millions. Je mettrai
à la droite des millions, les espèces de l'ordre suivant, ou des mille ; mais

comme il n'y a ni des centaines, ni des dizaines de mille, je remplacerai ces espèces par des zéros, ce qui me donnera 45003 mille. A la droite des mille, je mettrai les deux cent cinquante-huit unités simples, et j'aurai 45003258.

La numération des nombres composés nous conduit à la réflexion suivante : Les chiffres 0, 1, 2, ...9, groupés 2 à 2, 3 à 3, etc., de toutes les manières possibles, avec ou sans répétition, produisent l'ensemble des nombres décimaux.

En général, soient b, c, d, e, etc., les chiffres du système dont la base est a : en les *arrangeant*, 2 à 2, 3 à 3, etc., de toutes les manières possibles, avec ou sans répétition, on produira tous les nombres pour la base a. Il convient donc de donner les règles par lesquelles on opère ces sortes d'arrangements. Les arrangements peuvent être considérés sous plusieurs points de vue différents, savoir : 1° Comme arrangements différents, 2 à 2, 3 à 3, etc., avec répétition de la même lettre; 2° comme arrangements différents sans répétition de la même lettre; 3° comme arrangements différents d'un nombre donné de lettres b, c, d, etc., dont chacun renferme toutes les lettres données, avec ou sans répétition; 4° enfin comme arrangements différents, avec ou sans répétition, mais qui diffèrent entre eux au moins par une lettre.

Nous allons donner les règles pour effectuer chacune de ces quatre classes d'arrangements.

1° ARRANGEMENTS DIFFÉRENTS AVEC RÉPÉTITION.

> 1ʳᵉ *Règle*. Pour former les arrangements différents deux à deux, de lettres, ou chiffres donnés, écrivez ces lettres sur une même ligne horizontale, que vous répéterez autant de fois qu'il y a de lettres; puis mettez à la droite de toutes ces lettres successivement chacune des lettres données.

Exemple. Arranger 2 à 2, *avec répétion, les quatre lettres*
$$b, c, d, e.$$

Pour cela j'écrirai ces lettres sur une même ligne, et je répéterai cette ligne autant de fois qu'il y a de lettres; on aura

$$b \quad c \quad d \quad e$$
$$b \quad c \quad d \quad e$$
$$b \quad c \quad d \quad e$$
$$b \quad c \quad d \quad e$$

J'écrirai ensuite à la droite de chacune, successivement chacune des lettres données; on aura

$$bb, \ cb, \ db, \ eb$$
$$bc, \ cc, \ dc, \ ec$$
$$bd, \ cd, \ dd, \ ed$$
$$be, \ ce, \ de, \ ee$$

Rem. Si l'on remplace chacun des arrangements précédents par 1, on aura, pour la valeur de leur nombre, la collection d'unités suivante :

$$1\ 1\ 1\ 1 = 4$$
$$1\ 1\ 1\ 1 = 4$$
$$1\ 1\ 1\ 1 = 4$$
$$1\ 1\ 1\ 1 = 4.$$

D'où l'on voit, que le nombre formé par cette collection, c'est-à-dire le nombre des arrangements proposés, est égal à 4 pris 4 fois, ou 4.4.

Si le nombre des lettres données avait été 5, on aurait trouvé pour le nombre de leurs arrangements 2 à 2 avec répétition, 5 fois 5, $= 5.5$.

En général, m fois $m = m.m$, exprime les arrangements 2 à 2, avec répétition d'un nombre quelconque m de lettres.

Par conséquent dans le système de numération dont la base est a, on ne pourra former que a fois a, ou $a.a$ nombres différents, composés de deux chiffres. Ainsi dans la numération décimale on ne pourra former que dix fois dix nombres différents de deux chiffres.

    2° *Règle.* Pour former les arrangements trois à trois avec répétition, on écrira chacun des arrangements binaires autant de fois qu'il y a de lettres, puis on mettra à la droite de ces groupes binaires, successivement chacune des lettres données.

Exemple. Former les arrangements ternaires avec répétition des 4 lettres b, c, d, e ?

J'écrirai chacun des arrangements binaires de l'exemple précédent 4 fois, puis je mettrai à la droite de chacun successivement chacune des lettres b, c, d, e. On aura

bb b,	*cb b*,	*db b*,	*eb b*
bb c,	*cb c*,	*db c*,	*eb c*
bb d,	*cb d*,	*db d*,	*eb d*
bb e,	*cb e*,	*db e*,	*eb e*
bc b,	*cc b*,	*dc b*,	*ec b*
bc c,	*cc c*,	*dc c*,	*ec c*
bc d,	*cc d*,	*dc d*,	*ec d*
bc e,	*cc e*,	*dc e*,	*ec e*
bd b,	*cd b*,	*dd b*,	*ed b*
bd c,	*cd c*,	*dd c*,	*ed c*
bd d,	*cd d*,	*dd d*,	*ed d*
bd e,	*cd e*,	*dd e*,	*ed e*
be b,	*ce b*,	*de b*,	*ee b*
be c,	*ce c*,	*de c*,	*ee c*
be d,	*ce d*,	*de d*,	*ee d*
be e,	*ce e*,	*de e*,	*ee e*

Rem. Si chacun des groupes précédents devenait 1, on aurait évidemment une collection d'unités qui marquerait leur nombre, savoir :

$$\left.\begin{array}{cccc} 1 & 1 & 1 & 1 \\ 1 & 1 & 1 & 1 \\ 1 & 1 & 1 & 1 \\ 1 & 1 & 1 & 1 \end{array}\right\} = 4.4$$

$$\left.\begin{array}{cccc} 1 & 1 & 1 & 1 \\ 1 & 1 & 1 & 1 \\ 1 & 1 & 1 & 1 \\ 1 & 1 & 1 & 1 \end{array}\right\} = 4.4$$

$$\left.\begin{array}{cccc} 1 & 1 & 1 & 1 \\ 1 & 1 & 1 & 1 \\ 1 & 1 & 1 & 1 \\ 1 & 1 & 1 & 1 \end{array}\right\} = 4.4$$

$$\left.\begin{array}{cccc} 1 & 1 & 1 & 1 \\ 1 & 1 & 1 & 1 \\ 1 & 1 & 1 & 1 \\ 1 & 1 & 1 & 1 \end{array}\right\} = 4.4$$

d'où il suit que le nombre des arrangements ternaires avec répétition de 4 lettres est égal à 4 fois 4.4, ou 4.4.4.

Il est facile de conclure de là que celui de m lettre sera $m.m.m$.

Par conséquent dans un système de numération dont la base est a, on ne peut former que $a.a.a$ nombres différents de 3 chiffres.

Lorsque la base est dix, on aura pour le nombre des nombres différents de 3 chiffres, 10.10.10.

On démontrerait, par le même moyen, que le nombre des arrangements quaternaires avec répétition de a chiffres, serait $a.a.a.a$, et ainsi de suite.

En général, si nous désignons, pour abréger, par des exposants, le nombre des lettres égales dans des sommes de la forme $a.a$, $a.a.a$, etc., on aura

$$a.a = a^2, a.a.a = a^3, \text{ etc.}$$

Par le moyen de cette notation nous pourrons exprimer généralement combien l'on peut former de nombres différents de n chiffres, dans un système de numération dont la base est a, car on a évidemment pour ce nombre

$$a^n.$$

En faisant $a = 10$, et n successivement égal à 2,3,4, etc., on aura dans le système décimal, pour exprimer combien on peut former de nombres différents de 2 de 3, de 4, etc., chiffres, respectivement

$$10^2, 10^3, 10^4, \text{ etc.,}$$
$$\text{ou } 100, 1000, 10000, \text{ etc.}$$

2° ARRANGEMENTS DIFFÉRENTS SANS RÉPÉTITION.

1re *Règle*. Pour former les arrangements différents deux à deux, sans répétition, on écrira les lettres données sur une même ligne, en répétant chaque ligne autant de fois qu'il y a de lettres moins une, puis on mettra à la droite de chaque lettre successivement chacune de toutes les autres.

Exemple. Former les arrangements binaires sans répétition, des 4 lettres b , c , d , e ?

J'écrirai ces lettres sur un même ligne, que je répéterai 4 fois moins une, ou 3 fois ; j'aurai,

$$b \quad c \quad d \quad e$$
$$b \quad c \quad d \quad e$$
$$b \quad c \quad d \quad e.$$

Puis à la droite de chacune des lettres égales des lignes verticales, je mettrai successivement chacune des autres lettres ; ce qui me donnera les arrangements demandés, savoir :

$$bc, \quad cb, \quad db, \quad eb$$
$$bd, \quad cd, \quad dc, \quad ec$$
$$be, \quad ce, \quad de, \quad ed$$

Rem. Si chacun des arrangements précédents devenait égal à l'unité, la collection de ces unités représenterait évidemment le nombre des arrangements binaires sans répétition ; on aura donc, pour ce nombre,

$$1 \ 1 \ 1 \ 1 = 4$$
$$1 \ 1 \ 1 \ 1 = 4$$
$$1 \ 1 \ 1 \ 1 = 4$$
$$\text{ou 3 fois } 4 = 3.4.$$

On aurait trouvé de même, que 5 lettres groupées 2 à 2, sans répétition, auraient donné 4 fois 5=4.5, arrangements différents.

En général, a chiffres donnent

$a - 1$ fois $a = (a - 1).a$, groupes binaires différents sans répétition.

Ainsi dans le système décimal on ne peut former que 9.10 nombres différents de deux chiffres, sans répétition.

2e *Règle*. Pour former les arrangements différents ternaires, sans répétition, on écrira chacun des arrangements différents 2 à 2, autant de fois qu'il y a de lettres, moins 2, puis on écrira à la droite de chacun de ces groupes binaires successivement chacune des autres lettres.

Exemple. Arranger 3 à 3, sans répétition, les 4 lettres b , c , d , e ?

Écrivez chacun des arrangements binaires de l'exemple précédent, 4 moins

2 fois, c'est-à-dire répétez chacun deux fois, et écrivez à la droite de chaque groupe binaire, successivement chacune des deux autres lettres. On aura, pour les arrangements demandés :

$$
\begin{array}{cccc}
bc\ d, & cb\ d, & db\ c, & eb\ c \\
bc\ e, & cb\ e, & db\ e, & eb\ d \\
bd\ c, & cd\ b, & dc\ b, & ec\ b \\
bd\ e, & cd\ e, & dc\ e, & ec\ d \\
be\ c, & ce\ b, & de\ b, & ed\ b \\
be\ d, & ce\ d, & de\ c, & ed\ c
\end{array}
$$

Rem. Si chacun des groupes précédents devenait égal à l'unité, on aurait évidemment leur nombre, savoir :

$$
\left.\begin{array}{cccc}
1 & 1 & 1 & 1 \\
1 & 1 & 1 & 1
\end{array}\right\} = 2.4
$$

$$
\left.\begin{array}{cccc}
1 & 1 & 1 & 1 \\
1 & 1 & 1 & 1
\end{array}\right\} = 2.4
$$

$$
\left.\begin{array}{cccc}
1 & 1 & 1 & 1 \\
1 & 1 & 1 & 1
\end{array}\right\} = 2.4
$$

ou 2.4 pris 8 fois ; c'est-à-dire 2 fois les 3.4, arrangements binaires ; on a donc $2.3.4$, arrangements ternaires différents.

En général, si l'on prend les $(a-1).a$ arrangements binaires, a, moins deux fois, on aura les arrangements différents ternaires sans répétition, dont le nombre est par conséquent

$$(a-2).(a-1).a.$$

3e *Règle.* Pour former les arrangements 4 à 4, sans répétition, l'on devra répéter chacun des arrangements ternaires autant de fois qu'il y a de lettres moins 3, puis écrire à la droite de chacun successivement chacune des autres lettres.

Il suit de là que le nombre des arrangements quaternaires, sans répétition, s'obtiendra, en prenant celui des arrangements ternaires autant de fois, qu'il y a de lettres, moins trois.

Par conséquent si le nombre de lettres est a, on aura le nombre de leurs arrangements quatre à quatre, en prenant le nombre des arrangements ternaires $(a-2).(a-1).a$, un nombre de fois marqué par $a-3$.

On a donc,

$$(a-3).(a-2).(a-1).a$$

pour ce nombre d'arrangements.

En général, *si l'on veut former les arrangements différents de p lettres, on devra répéter les arrangements de p moins une lettre, chacun autant de fois qu'il y a de lettres moins, p — 1; puis écrire à la droite de chaque groupe successivement chacune des autres lettres.*

Il suit de là que le nombre des arrangements composés de p lettres, est égal à celui composé de p moins 1 lettre, pris autant de fois qu'il y a de lettres moins $p-1$.

    3° *Rem.* Si le nombre des lettres sur lesquelles on opère les arrangements est a, on aura pour le nombre des arrangements différents 2 à 2, 3 à 3, 4 à 4, etc., respectivement les indications

$$(a-1).a \text{ ou } a.(a-1)$$
$$(a-2).(a-1).a \text{ ou } a.(a-1).(a-2)$$
$$(a-3).(a-2).(a-1).a \text{ ou } a.(a-1).(a-2).(a-3),$$
$$\text{etc.}$$

Désignons par le nom de *facteur*, chacune des quantités, a, $a-1$, $a-2$, etc., dont se composent les indications précédentes ; il est clair que chacune se compose d'autant de facteurs qu'il entre de lettres dans chacun des arrangements dont ces indications expriment le nombre, et que chacun de ces facteurs est d'une unité moindre que celui qui le précède. Cette observation nous offre un moyen d'exprimer d'une manière abrégée, par des indicateurs, semblables aux exposants dont nous avons déjà fait usage, les quantités

$$a.(a-1), \quad a.(a-1).(a-2), \text{ etc.}$$

En effet, si nous désignons par un chiffre le nombre des facteurs de chaque expression, et par -1, placé à la droite de ce chiffre, la circonstance que chaque facteur est d'une unité moindre que celui qui le précède, en séparant par un trait le chiffre indicateur du nombre des facteurs, du chiffre -1, nous aurons une nouvelle espèce d'exposants, qui, placés sur le nombre a, seront très-propres à représenter d'une manière abrégée les expressions précédentes.

D'après cela, si nous posons successivement

$$a.(a-1) = a^{2/-1}$$
$$a.(a-1).(a-2) = a^{3/-1}$$
$$a.(a-1).(a-2).(a-3) = a^{4/-1},$$
$$\text{etc.}$$

on voit qu'on pourra exprimer généralement le nombre des arrangements de a lettres p à p, en écrivant

$$a^{p/-1}.$$

Supposons, par exemple, que l'on demande combien on peut former de nombres différents de 4 chiffres sans répétition, dans le système décimal ; on aura évidemment $a=10$, $p=4$. Par conséquent le nombre demandé sera indiqué par

$$10^{4/-1} = 10.9.8.7.$$

3

3° ARRANGEMENTS DIFFÉRENTS D'UN NOMBRE DONNÉ DE LETTRES DONT CHACUN CONTIENT TOUTES LES LETTRES DONNÉES.

A. *Sans répétition.*

Nous nommerons les arrangements de cette classe des *permutations*.

Règle. Pour *permuter* un nombre donné de lettres, par exemple a lettres, on formera par les règles précédentes leurs arrangements a à a.

Il suit de là que le nombre de permutations de a lettres est égal à celui de leurs arrangements a à a, par conséquent le nombre de permutations de a lettres, sans répétition, est généralement exprimé par

$$a^{a/-1}.$$

Ainsi les nombres de permutations de 2, 3, 4, etc., lettres seront respectivement exprimés par

$$2^{2/-1} = 2.1 \text{ ou } 1.2$$
$$3^{3/-1} = 3.2.1 \text{ ou } 1.2.3$$
$$4^{4/-1} = 4.3.2.1 \text{ ou } 1.2.3,4,$$
$$\text{etc.}$$

Exemple. Combien peut-on former de nombres de 5 chiffres sans répétition avec les chiffres qui entrent dans le nombre suivant :

$$94537?$$

On aura évidemment pour l'indication de ce nombre

$$5^{5/1} = 1.2.3.4.5.$$

Rem. Pour abréger la notation pour les permutations, nous mettrons un signe d'exclamation à la droite du nombre qui exprime celui des lettres à permuter. Nous poserons donc dorénavant

$$1.2 = 2!$$
$$1.2.3 = 3!$$
$$1.2.3.4 = 4!$$
$$\text{etc.}$$
$$1.2.3.4\ldots n = n!$$

4° ARRANGEMENTS DIFFÉRENTS, QUI DIFFÈRENT ENTRE EUX, AU MOINS PAR UNE LETTRE.

Nous appellerons *combinaisons* les arrangements de cette classe, et nous ne considérerons, pour le moment, que celles où la même lettre n'est pas répétée plusieurs fois dans la même combinaison.

A. *Combinaisons sans répétition.*

1re *Règle.* Pour former les combinaisons différentes *deux à deux*, sans répétition, écrivez les lettres données sur une même ligne, et répétez chacune autant de fois qu'il y a de lettres après elle; puis écrivez à la droite de chacune successivement les lettres qui la suivent.

Exemple. Combiner 2 à 2 sans répétition les cinq lettres b, c, d, e, f.

Écrivez ces lettres sur une même ligne, savoir :

$$b \ c \ d \ e \ f \ ;$$

répétez chacune autant de fois qu'il y a de lettres après elle, savoir :

$$b \quad c \quad d \quad e$$
$$b \quad c \quad d$$
$$b \quad c$$
$$b \qquad ;$$

écrivez à la droite des lettres égales de chaque ligne verticale, successivement les lettres qui la suivent; on aura,

$$bc \quad cd \quad de \quad ef$$
$$bd \quad ce \quad df$$
$$be \quad cf$$
$$bf.$$

1re *Remarque.* Après avoir formé les combinaisons 2 à 2 de lettres données, il est clair qu'en permutant les deux lettres de chaque combinaison, on changera les combinaisons 2 à 2 en arrangements 2 à 2.

Exemple. Changer en arrangements 2 à 2 les combinaisons 2 à 2 de l'exemple précédent.

Pour cela permutons les 2 lettres de chaque combinaison, on aura pour les arrangements demandés

$$bc,cb \quad cd,dc \quad de,ed \quad ef,fe$$
$$bd,db \quad ce,ec \quad df,fd$$
$$be,eb \quad cf,fc$$
$$bf,fb.$$

Il suit de là que le nombre des arrangements deux à deux des cinq lettres b, c, d, e, f, est égal à celui de leurs combinaisons, pris autant de fois que l'on peut faire de permutations avec deux lettres.

Or le nombre des arrangements deux à deux de 5 lettres, est exprimé par

$$5^{2/-1} = 5.4 \ ;$$

celui des permutations de 2 lettres est marqué par

$$2! = 1.2 \ ;$$

Si donc, nous désignons par $[n.p]$ le nombre des combinaisons de n lettres, p à p, on aura

$$5^{2/-1} = [5.2] \text{ fois } 2!$$

Il suit de là que si nous prenons du nombre $5^{2/-1}$, une partie marquée par le nombre $2!$, cette partie indiquera évidemment la valeur du nombre $[5.2]$. Indiquons cette partie en écrivant le nombre $2!$ au-dessous de $5^{2/-1}$, et en séparant les deux nombres par un trait, nous aurons évidemment

$$[5.2] = \frac{5^{2/-1}}{1.2} = \frac{5.4}{1.2}.$$

2e *Remarque.* En général, le nombre des arrangements d'un nombre donné de lettres 2 à 2, est égal à celui de leurs combinaisons, pris $2!$ fois; par conséquent le nombre des combinaisons binaires est une partie du nombre des arrangements binaires, marquée par $2!$

On a donc pour le nombre des combinaisons deux à deux de n lettres,

$$[n.2] = \frac{n^{2/-1}}{2!} = \frac{(n-1).n}{1.2}.$$

2e *Règle.* Pour former les combinaisons différentes trois à trois, sans répétition, écrivez chacune des combinaisons binaires autant de fois qu'il y a de lettres après sa dernière, puis mettez à la droite de chaque groupe binaire, successivement les lettres qui suivent sa dernière.

Exemple. Combiner 3 *à* 3 *les cinq lettres*

$$b, c, d, e, f.$$

Pour cela écrivez chaque combinaison de l'exemple précédent, autant de fois qu'il y a de lettres après sa dernière, savoir : écrivez la combinaison bc trois fois; car après sa dernière lettre c, on a les trois lettres d, e, f; de même, écrivez la combinaison bd deux fois, puisque sa dernière lettre d est suivie des deux lettres e, f. Enfin les combinaisons qui ont pour lettre finale f ne doivent plus s'écrire, puisqu'il n'y a plus de lettres après f. On a donc pour les combinaisons demandées,

$$
\begin{array}{lll}
bc\,d, & cd\,e, & de\,f, \\
bc\,e, & cd\,f, & \\
be\,f, & ce\,f, & \\
bd\,e, & & \\
bd\,f, & & \\
be\,f. & &
\end{array}
$$

1re *Remarque.* Après avoir formé les combinaisons 3 à 3, on pourra aisément en déduire les arrangements ternaires. Il suffira de permuter les trois lettres de chaque combinaison de toutes les manières différentes.

Il suit de là, que le nombre des arrangements 3 à 3 est égal à celui des combinaisons, pris autant de fois qu'il y a de permutations possibles entre trois lettres.

Or, le nombre des arrangements de n lettres 3 à 3 étant marqué par $n^{3/-1}$. on aura,

$$n^{3/-1} = [n.3] \text{ pris } 3! \text{ fois.}$$

Par conséquent $[n.3]$ sera une partie de $n^{3/-1}$, marquée par $3!$.

On a donc pour le nombre des combinaisons de n lettres 3 à 3, l'expression

$$[n.3] = \frac{n^{3/-1}}{3!} = \frac{n.(n-1).(n-2)}{1.2.3}.$$

Remarque générale. Pour former les combinaisons 4 à 4, on procédera sur les combinaisons 3 à 3, comme nous avons procédé sur les combinaisons 2 à 2, pour en déduire les combinaisons 3 à 3.

En étendant ces raisonnements aux combinaisons 5 à 5, 6 à 6, etc., on trouvera aisément pour les nombres qui expriment les quotités de ces combinaisons, les expressions

$$[n.5] = \frac{n^{5/-1}}{5!}$$

$$[n.6] = \frac{n^{6/-1}}{6!}$$

$$[n.7] = \frac{n^{7/-1}}{7!},$$

etc.

et, en général, pour le nombre des combinaisons de n lettres p à p, l'expression

$$[n.p] = \frac{n^{p/-1}}{p!}.$$

B. *Combinaisons avec répétition.*

Règle. Pour former les combinaisons n à n avec répétition de deux lettres b et c, on prendra

n fois la lettre b,

$n-1$ fois la lettre b, avec 1 fois la lettre c ;

$n-2$ fois la lettre b, avec 2 fois la lettre c ;

$n-3$ fois la lettre b, avec 3 fois la lettre c ;

etc.

enfin, n fois la lettre b. .

Exemple. Combiner 5 à 5 les lettres a *et* b?

On a :

$$aaaaa, \ aaaab, \ aaabb, \ aabbb, \ abbbb. \ bbbbb.$$

Dans ce cas le nombre des combinaisons est toujours égal à celui des lettres qui doivent entrer dans chacune, plus l'unité.

Remarque. Il est quelquefois utile de savoir de combien de manières différentes l'on peut partager un nombre donné de lettres en groupes, de manière que chaque groupe renferme un nombre donné de ces lettres.

Soit, par exemple, proposé de partager 11 lettres en 3 groupes, de manière que le 1er en renferme 4, le 2° 5, et le 3° 2 lettres.

Il est clair que le nombre des groupes qui renferment 4 lettres, sera égal au nombre des combinaisons de 11 lettres 4 à 4, ou $\dfrac{11.10.9.8}{1.2.3.4}$. Mais il est évident que chacun de ces groupes se trouvera répété autant de fois qu'il est marqué par le nombre des combinaisons 5 à 5 de 11 moins 4, ou de 7 lettres ; on aura donc pour le nombre de groupes de 4 lettres chacun, combinés avec ceux de 5 lettres, l'expression

$$\frac{11.10.9.8}{1.2.3.4} \text{ fois } \frac{7.6.5.4.3}{1.2.3.4.5} ;$$

de plus, chacun de ces groupes combinés sera évidemment répété autant de fois qu'il y a de combinaisons 2 à 2 entre 11 lettres moins $4 + 5$, ou entre 2 lettres. Or, ce dernier nombre étant $\dfrac{2.1}{1.2}$, on aura, pour le nombre de groupes total demandé,

$$\frac{11.10.9.8}{1.2.3.4} \text{ fois } \frac{7.6.5.4.3}{1.2.3.4.5} \text{ fois } \frac{2.1}{1.1}$$

ou bien

$$\frac{1.2.3.4.5.6.7.8.9.10.11}{1.2.3.4 \quad 1.2.3.4.5 \quad 1.2}$$

ou

$$\frac{11!}{4! \; 5! \; 2!}$$

On généralisera facilement ce résultat.

La remarque précédente est applicable aux permutations avec répétition dont nous n'avons pas encore parlé.

Soit, par exemple, proposé de permuter 11 lettres, dont 4 sont égales à *a*, 5 égales à *b*, et 2 égales à *c*. Si toutes les lettres étaient différentes, le nombre de leurs permutations serait représenté par 11! ; mais, si 4 de ces lettres sont égales à *a*, toutes les permutations qui renferment ces 4 lettres à la même place se réduiront en une seule ; or, il y en a 1.2.3.4 qui sont dans ce cas ; par conséquent, le nombre de permutations 11! se réduira à une partie de 11! marquée par 4! ; on aura donc $\dfrac{11!}{4!}$ pour cette partie. Mais comme il y a aussi 5 lettres égales à *b*, on prouvera, par le raisonnement précédent, que le nombre $\frac{11!}{4!}$ doit encore se réduire à sa 5! partie; on aura donc $\frac{11!}{4!\ 5!}$. Mais puisque 2 lettres sont égales à c, on devra encore prendre la 2! partie du résultat précédent, et l'on aura finalement

$$\frac{11!}{4!\ 5!\ 2!};$$

résultat entièrement identique avec celui auquel nous avons été conduit par la considération des combinaisons.

==

§ 2. DE L'ADDITION PROPREMENT DITE.

L'addition est une opération par laquelle on cherche un nombre unique équivalent à plusieurs nombres donnés, rapportés à des unités de même espèce.

Le résultat de cette opération se nomme *somme*. Nous donnerons aussi le nom de somme à des additions indiquées.

Pour indiquer l'addition on met le signe de cette opération, ou $+$ (plus) entre les nombres qu'on veut ajouter. Exemple, pour indiquer que les nombres 3, 4, 5, doivent être ajoutés, écrivez $3+4+5$, et prononcez 3 *plus 4 plus 5*.

Un nombre composé quelconque est une somme indiquée. Car on a, par exemple, $457 = 400 + 50 + 7$.

Un nombre simple quelconque n'est qu'un signe abréviatif et conventionnel, pour représenter une somme d'unités de la même espèce; exemple, $400 = 100 + 100 + 100 + 100$.

Une unité supérieure quelconque est une somme d'autant d'unités inférieures qu'il est marqué par la base. L'unité fondamentale seule n'est pas une somme; elle constitue le dernier élément de toutes les sommes.

Les règles pour l'addition ont pour fondement quelques principes qu'il importe de développer.

1° *Une somme ne change pas de valeur quel que soit l'ordre dans lequel on effectue l'addition.*

Il suit de là que les sommes différentes que l'on peut faire avec des nombres donnés 2 à 2, 3 à 3, etc., se trouvent en combinant ces nombres 2 à 2, 3 à 3, etc., et en additionnant les nombres de chaque combinaison.

Dans le système décimal les sommes différentes 2 à 2, à faire avec les 10 caractères de ce système, sont au nombre de $\frac{10 \text{ fois } 9}{1.2}$, ou $\frac{90}{1.2} = 45$.

2° *L'addition se réduit toujours à celle des nombres simples de même ordre et de même espèce.*

Car 1° tous les nombres de plusieurs chiffres sont décomposables en nombres simples; ainsi, prendre la somme de nombres composés donnés, c'est prendre la somme des nombres simples qui les composent. 2° On ne peut additionner que des nombres simples de même espèce ; car les additions entre nombres simples d'espèces différentes ne sont que des indications dont l'exposé appartient à la numération.

3° L'addition des nombres simples d'une même espèce se réduit à la contraction successive de deux des chiffres de la numération en un seul.

Exemple. La somme $400 + 200 + 300$, se réduit à la contraction des chiffres $4 + 2$, en un seul 6, puis à la contraction des deux chiffres $6 + 3$, en un seul 9. Les contractions ont pour fondement la décomposition des chiffres en sommes d'unités simples, et la représentation de ces sommes d'unités par un seul chiffre. Ainsi pour contracter $4 + 2$ en un seul chiffre, on doit faire les opérations suivantes ;

1° décomposer 4 en ses unités, c'est-à-dire
poser $4 = 1 + 1 + 1 + 1$;
faire de même $2 = 1 + 1$;
on a alors $4 + 2 = 1 + 1 + 1 + 1 + 1 + 1$;
2° représenter la collection de ces 6 unités par
le chiffre qui lui convient.

Conformément à la marche indiquée dans l'introduction, nous donnerons successivement les règles pour l'addition simple, et l'addition complexe, ou le calcul des sommes.

PREMIÈRE SECTION.
DE L'ADDITION SIMPLE

Dans cette partie de l'addition nous considérerons successivement les cas dont voici la nomenclature.

1er *Cas.* Addition de nombres simples de même espèce ;

2e *Cas.* Addition d'un nombre composé avec un nombre simple ;

3e *Cas.* Addition de deux ou de plusieurs nombres composés ;

4e *Cas.* Formation et sommation des progressions arithmétiques, ou des nombres naturels de tous les ordres.

PREMIER CAS.
ADDITION DE NOMBRES SIMPLES DE MÊME ESPÈCE.

A. *Addition de deux nombres simples.*

1re *Règle.* Pour additionner deux nombres simples, rapportés à l'unité fondamentale, on décomposera chacun des chiffres à ajouter en ses unités, et l'on représentera la collection entière de ces unités par le chiffre qui lui convient.

Remarque. Pour éviter ces décompositions et compositions, on construit une table, nommée *Table de l'addition*, qui renferme toutes les sommes binaires des chiffres de la numération. Cette table se forme en plaçant sur une ligne horizontale et une ligne verticale les chiffres dont on se sert, et en plaçant la somme binaire de deux quelconques de ces chiffres à l'intersection de la ligne verticale qui passe par le chiffre de la colonne horizontale, avec la ligne horizontale qui passe par le chiffre de la colonne verticale. Voici cette Table pour la numération décimale :

TABLE DE L'ADDITION.

V						n			
0	1	2	3	4	5	6	7	8	9
1	2	3	4	5	6	7	8	9	10
2	3	4	5	6	7	8	9	10	11
3	4	5	6	7	8	9	10	11	12
4	5	6	7	8	9	10	11	12	13
5	6	7	8	9	10	11	12	13	14
6	7	8	9	10	11	12	13	14	15
7	8	9	10	11	12	13	14	15	16
8	9	10	11	12	13	14	15	16	17
9	10	11	12	13	14	15	16	17	18

Pour former cette table, il suffit d'ajouter une unité à chacun des chiffres de la colonne horizontale HH, ce qui donnera la 2e colonne horizontale, dont on déduit la 3e en ajoutant une unité à chacun de ses chiffres, et ainsi de suite.

Pour s'en servir on cherchera l'un des chiffres donnés dans la bande HH, l'autre dans la colonne VV, la somme demandée se trouvera à la rencontre des bandes verticale et horizontale, qui répondent respectivement aux chiffres des colonnes HH et VV.

Exemple. La somme $8+7$, ou 15, se trouve à la case d'intersection des bandes *mm*, *nn*, dont la 1ʳᵉ passe par le chiffre 8, pris dans la colonne VV, et la 2ᵉ par le chiffre 7, pris dans la colonne HH.

2° *Règle.* Pour ajouter deux nombres simples rapportés à des unités supérieures de même espèce, on cherchera la somme de leurs chiffres par la règle précédente, et l'on rapportera cette somme à l'unité commune aux deux nombres donnés.

Exemple : ajouter 4000 à 8000 ?

On dira $4+8$ font 12, qu'on rapportera à l'unité commune 1000, et l'on aura

$$4000 + 8000 = 12000.$$

L'opération se dispose ordinairement ainsi :

$$
\begin{array}{r}
4000 \\
8000 \\
\hline
12000
\end{array}
$$

B. *Addition de plusieurs nombres simples.*

1ʳᵉ *Règle.* Pour additionner plusieurs nombres simples, rapportés à l'unité fondamentale, ajoutez le premier chiffre au second, la somme au troisième, et ainsi de suite, enfin l'avant-dernière somme au dernier chiffre.

Exemple 1. Soit 10^n une unité quelconque du système dont la base est a, et représentons par b, c, d, etc., les chiffres de ce système ; supposons de plus que la table de l'addition donne

$$b+c=g, \quad g+d=h, \quad h+e=i, \text{ etc.,}$$

on aura pour la somme

$$b.10^0 + c.10^0 + d.10^0 + e.10^0, \text{ ou } b+c+d+e,$$

les valeurs successives

$$
\begin{array}{c}
b+c+d+e \\
g+d+e \\
h+e \\
i
\end{array}
$$

Exemple 2. Dans le système décimal, en faisant

$$b=1, \quad c=3, \quad d=2, \quad e=4,$$

on aura successivement,

$$
\begin{array}{c}
1+3+2+4 \\
4+2+4 \\
6+4 \\
10 \,.
\end{array}
$$

On dispose le calcul ainsi :

$$\begin{array}{r} 1 \\ 3 \\ 2 \\ 4 \\ \hline 10 \end{array}$$

en disant $1+3$ font 4 ; $4+2$ font 6 ; $6+4$ font 10.

2e *Règle.* Pour additionner plusieurs nombres simples rapportés à la même espèce d'unité supérieure, on ajoutera les chiffres de ces nombres, et on donnera à la somme pour unité, l'unité commune.

Exemple 1. *Ajouter* les nombres simples

$$b.10^n + c.10^n + d.10^n + e.10^n.$$

On ajoutera les chiffres b, c, d, e, par la règle précédente, et l'on donnera à la somme l'unité commune 10^n. On aura

$$\text{somme} = (b+c+d+e).10^n.$$

Exemple 2. *Ajouter* 1000, 3000, 2000, 4000 ?

On trouve,

$$\text{somme} = (1+3+2+4).1000 = 10,000.$$

On dispose l'opération ainsi,

$$\begin{array}{r} 1000 \\ 3000 \\ 2000 \\ 4000 \\ \hline 10,000 \, , \end{array}$$

et l'on dira, 4 plus 2 font 6 ; 6 et 3 font 9 ; 9 et 1 font 10 ; à la droite de 10, j'écrirai les zéros, qui représentent l'unité commune 1000, et j'aurai 10000, pour la somme demandée.

DEUXIÈME CAS.

ADDITION D'UN NOMBRE COMPOSÉ AVEC UN NOMBRE SIMPLE.

Règle. Pour ajouter un nombre simple à un nombre composé, on doit additionner le chiffre du nombre simple avec le chiffre de même espèce du nombre composé ; et si la somme de ces deux chiffres produit une unité de l'espèce supérieure, on ajoutera cette unité au chiffre qui se trouve à gauche de celui sur lequel on opère.

Exemple 1. Soit $b.10^n + c.10^{n-1} + d.10^{n-2} + \ldots$ un nombre composé dans le système dont la base est a ; b, c, d, etc., étant les chiffres de ce système : on demande la somme de ce nombre ajouté au nombre simple $g.10^{n-2}$.

Il est clair que l'on devra ajouter, au terme $d.10^{n-2}$, le nombre $g.10^{n-2}$, comme étant rapporté à la même unité ; on aura donc pour la somme demandée,

$$b.10^n + c.10^{n-1} + (d+g).10^{n-2} + \ldots$$

Or, si la somme $d+g$ donne lieu à une unité immédiatement supérieure, on pourra poser $d+g = 10+e$, en désignant par 10 cette unité, et par e le chiffre excédant, rapporté à l'unité simple. On aura donc

$$(d+g)10^{n-2} = 10^{n+1} + e.10^{n-2},$$

et la somme précédente deviendra

$$b.10^n + c.10^{n-1} + 10^{n-1} + e.10^{n-2} + \ldots,$$

ou

$$b.10^n + (c+1)10^{n-1} + e.10^{n-2}.$$

Il suit de là, que si $d+g$ produit une unité supérieure, on doit l'ajouter au chiffre à gauche c.

L'addition précédente se fait plus commodément en posant

$$
\begin{aligned}
b.10^n + c.10^{n-1} + d.10^{n-2} + \ldots &= b\,c\,d \ldots \\
g.10^{n-2} &= g \ldots \\
\hline
\text{somme} &= \overline{b\,k\,e} \ldots
\end{aligned}
$$

et en disant, $g+d$ font $10+e$, je pose e, et retiens *un*, pour l'ajouter à c ; $c+1$ font k, je pose k, et j'abaisse b. On aura pour la somme demandée, $bke\ldots = b.10^n + k.10^{n-1} + e.10^{n-2} + \ldots$.

Exemple 2. Ajouter 4543 à 90 ?

On a :

$$
\begin{array}{r}
4543 \\
90 \\
\hline
4633
\end{array}
$$

On dira, zéro et 3 font 3 ; 9 et 4 font 13 ; je pose 3 et retiens 1 ; 1 et 5 font 6 ; je pose 6, et j'abaisse le dernier chiffre 4.

TROISIÈME CAS.

ADDITION DE DEUX OU DE PLUSIEURS NOMBRES COMPOSÉS.

1re *Règle.* Pour additionner deux nombres composés, ajoutez séparément chacun des nombres simples du 1er, aux nombres simples de même espèce du 2e, en suivant pour ces additions partielles la règle du cas précédent.

1er *Exemple.* Soient b, c, d, e, etc., les chiffres du système a ; 10^n, 10^{n-1}, etc., les unités de ce système : on aura pour le 1er nombre

$$b.10^n + c.10^{n-1} + d.10^{n-2} + \ldots, \text{etc.;}$$

et pour le 2e,

$$h.10^n + g.10^{n-1} + k.10^{n-2} + \ldots$$

On aura donc pour leur somme

$$(h+b).10^n + (c+g).10^{n-1} + (d+k).10^{n-2} + \ldots$$

Supposons que chacune des sommes $d+k$, $c+g$, $h+b$, produise une unité supérieure, et que l'on ait, par exemple,

$$d+k=10+e,\ c+g=10+l,\ h+b=10+m.$$

On aura évidemment

$$(d+k).\ 10^{n-3}=10^{n-1}+e.10^{n-2},$$
$$(c+g).\ 10^{n-1}=10^{n}+l.10^{n-1}$$
$$(h+b).\ 10^{n}=10^{n+1}+m.10^{n}.$$

Donc, en ajoutant, on trouve

$$(h+b).10^{n}+(c+g).10^{n-1}+(d+k).\ 10^{n-2}+\ldots=10^{n+1}+(m+1).10^{n}\ldots$$
$$\ldots+(l+1).10^{n-1}+e.10^{n-2}+.$$

Ou, en faisant $m+1=x$, $l+1=y$, on aura finalement

$$10^{n+1}+x.10^{n}+y.10^{n-1}+e.10^{n-2}.$$

Mais comme on a, par les conventions de la numération,

$$h.10^{n}+g.10^{n-1}+k.10^{n-2}+\ldots=hgk\ldots$$
$$b.10^{n}+c.10^{n-1}+d.10^{n-2}+\ldots=bcd\ldots$$
$$\overline{\hphantom{bbbbbbbb}1\,x\,y\,e}$$

On fera l'addition proposée avec plus de facilité en écrivant les nombres $hgk\ldots$, $bcd\ldots$, l'un au-dessous de l'autre, de manière que les chiffres de la même espèce soient en alignement, et en disant

$$d+k\ \text{font}\ 10+e;$$

je pose e et je retiens 1; $c+g$ font $10+l$, et 1 de retenu font $10+l+1$; je pose $l+1$, ou y, et retiens 1; $b+h=10+m$, et un de retenu font $10+m+1$, je pose $m+1$, ou x, et j'avance 1.

Exemple 2. *Ajouter* 4538 à 791 ?

L'on a :

$$\begin{array}{r} 4538 \\ 791 \\ \hline 5329. \end{array}$$

Je dirai 1 et 8 font 9; je pose 9; 9 et 3 font 12; je pose 2 et retiens 1; 7 et 5 font 12, et 1 de retenu font 13; je pose 3 et retiens 1; 1 et 4 font 5; je pose 5. J'aurai pour la somme demandée, 5329.

Remarque. Au lieu de faire l'addition de droite à gauche, on pourrait la faire dans tout autre ordre, par exemple de gauche à droite. Exemple :

$$\begin{array}{r} 4538 \\ 791 \\ \hline 4000 \\ 1200 \\ 120 \\ 9 \\ \hline 5320 \end{array}$$

On dira, 4000 font 4000, que l'on pose. 5 centaines et 7 centaines font 12 centaines, qu'on écrit au-dessous de 4000. 3 dizaines et 9 dizaines font 12 dizaines, ou 120, qu'on écrit au-dessous de 1200. 1 et 8 font 9; je pose 9.

Je ferai ensuite une seconde addition en disant 4 et 1 font 5; je pose 5. 1 et 2 font 3; je pose 3. 2 font 2; 9 font 9.

On voit qu'en opérant de gauche à droite l'on est obligé de faire plusieurs additions successives avant d'arriver au résultat final. C'est donc pour éviter ces additions secondaires, qu'on opère de droite à gauche.

2° *Règle.* Pour additionner plusieurs nombres composés, on fera partiellement la somme des chiffres de même espèce, en ajoutant les unités supérieures données par ces sommes partielles aux chiffres qui appartiennent à ces unités supérieures.

Exemple 1. Ajouter les nombres

$$b.10^n + c.10^{n-1} + d.10^{n-2} + \ldots$$
$$e.10^n + f.10^{n-1} + g.10^{n-2} + \ldots$$
$$h.10^n + k.10^{n-1} + l.10^{n-2} + \ldots$$
$$\text{etc.}$$

On aura pour la somme

$$(b+c+h+\ldots).10^n + (c+f+k+\ldots).10^{n-1} + (d+g+l+\ldots).10^{n-2} + \ldots$$

Supposons que la somme $d+g+l+\ldots$ donne p unités de l'ordre 10^{n-1}, et x unités de l'ordre 10^{n-2}; supposons ensuite que la somme $c+f+k+p+\ldots$ donne q unités de l'ordre 10^n, et y unités de l'ordre 10^{n-1}, on aura :

$$(b+c+h+q+\ldots)10^n + y.10^{n-1} + x.10^{n-2} + z.10^n + y.10^{n-1} + x.10^{n-2} ;$$

On suppose $z = b+c+h+q+\ldots$

Mais on a :

$$b.10^n + c.10^{n-1} + d.10^{n-2} + \ldots = b\,c\,d\ldots$$
$$e.10^n + f.10^{n-1} + g.10^{n-2} + \ldots = e\,f\,g\ldots$$
$$h.10^n + k.10^{n-1} + l.10^{n-2} + \ldots = \underline{h\,k\,l\ldots}$$
$$z\,y\,x$$

On aura donc avec plus de facilité la somme demandée, en écrivant les chiffres de même espèce dans un même alignement, et en prenant successivement la somme de chaque ligne verticale en allant de la droite vers la gauche. On dira, par exemple, $l+g+d$ font x unités $+p$ unités supérieures; je pose x et retiens p; $p+k+f+c$ font y unités $+q$ unités supérieures, je pose y et retiens q; $q+h+e+b$ font z; je pose z, et j'ai $z\,y\,x$, pour la somme demandée.

Exemple 2. *Ajouter les nombres* 3452, 393, 4532, 93 ?

$$
\begin{array}{r}
3452 \\
393 \\
4532 \\
93 \\
\hline
\end{array}
$$

somme   8470

Écrivez les nombres donnés les uns au-dessous des autres, de manière que les chiffres rapportés à une même espèce d'unité soient dans le même alignement vertical. Cela fait, ajoutez, en allant de la droite vers la gauche, les chiffres de chaque colonne, en rapportant les unités supérieures, fournies par les sommes partielles, aux colonnes adjacentes à gauche. On dira donc, 3 et 2 font 5 ; 5 et 3 font 8 ; huit et 2 font 10 : je pose 0 et retiens 1. 1 et 9 font 10 ; 10 et 3 font 13 ; 13 et 9 font 22 ; 22 et 5 font 27 : je pose 7 et retiens 2. 2 et 5 font 7 ; 7 et 3 font 10 ; 10 et 4 font 14 : je pose 4 et retiens 1. 1 et 4 font 5 ; 5 et 3 font 8 : je pose 8, et j'ai 8470 pour la somme totale.

Remarque 1re. Si les nombres à ajouter sont égaux, on indique leur somme en écrivant ce nombre une fois, et en le faisant précéder du nombre qui indique combien de fois il est répété. On sépare ces deux nombres par un point ; et l'on nomme *coefficient* celui qui précède le point, ou qui indique la répétition.

Exemple. $4 + 4 + 4 = 3.4.$

3 est le coefficient de 4.

La valeur de ces sortes de sommes se nomme *un produit.* La multiplication a pour but de donner, d'une manière abrégée, ces sortes de valeurs.

Remarque 2°. Il suit de là que pour avoir la somme de deux nombres égaux, précédés de coefficients, il suffira de donner à ce nombre pour coefficient, la somme des coefficients donnés.

Exemple. $3.4 + 7.4 + 2.4 = (3 + 7 + 2).4 = 12.4.$

Il suit de là encore qu'un nombre quelconque peut être considéré comme le coefficient de l'unité.

Car, comme on a, par exemple, $4 = 1 + 1 + 1 + 1,$ il est clair que $4 = 4.1.$

Nous développerons plus tard le point de vue sous lequel il convient de considérer ces nombres.

QUATRIÈME CAS.
DES PROGRESSIONS ARITHMÉTIQUES.

On appelle progressions arithmétiques une suite de sommes successives obtenues par une loi constante que nous allons décrire :

1° Écrivez sur une même ligne, plusieurs fois de suite, un même nombre, par exemple 4. On aura la suite des nombres égaux

$$4, \ 4, \ 4, \ 4, \ 4, \ \text{etc.}$$

que l'on nomme une *progression arithmétique* de *l'ordre zéro.* Le nombre 4 est nommé la *raison* des progressions supérieures, déduites de la précédente.

2° Au-dessous du premier terme de la progression précédente, écrivez un nombre quelconque, par exemple 3 ; ajoutez ce nombre à celui qui se trouve au-dessus de lui, et mettez la somme 7 au-dessous du second terme de la progression primitive ; ajoutez cette somme au nombre placé au-dessus de lui, et écrivez la somme 11 au-dessous du quatrième terme de la progression de l'ordre zéro, et ainsi de suite. On produira de cette manière une série de nombres 3, 7, 11, 15, etc., dont chacun est égal à celui qui le précède, plus, un même nombre 4. On appelle les séries formées par des procédés analogues aux précédents, des *progressions arithmétiques du premier ordre*.

3° Au-dessous du premier terme de la progression du premier ordre, écrivez un nombre quelconque, par exemple 5, et ajoutez ce nombre à celui qui est au-dessus de lui, c'est-à-dire à 3 ; on aura 8. Placez cette somme au-dessous du second terme 7 de la progression du premier ordre, et formez la somme $7 + 8 = 15$. Placez 15 au-dessous de 11, vous aurez pour somme 26, etc.

La suite des nombres 5, 8, 15, 26, etc., constituera une *progression du second ordre*.

4° Au-dessous du premier terme de la progression du second ordre, mettez un nombre quelconque, par exemple 6 ; on aura, par des additions successives, semblables aux précédentes, la suite 6, 11, 19, 34, etc., qui forme une *progression du troisième ordre*, et ainsi de suite.

On a donc :

$$4, \quad 4, \quad 4, \quad 4, \quad 4, \ \ldots \text{ progression de l'ordre zéro.}$$
$$3, \quad 7, \quad 11, \quad 15, \quad 19, \ \ldots \text{ progression du premier ordre.}$$
$$5, \quad 8, \quad 15, \quad 26, \quad 41, \ \ldots \text{ progression du deuxième ordre.}$$
$$6, \quad 11, \quad 19, \quad 34, \quad 60, \ \ldots \text{ progression du troisième ordre.}$$
$$2, \quad 8, \quad 19, \quad 38, \quad 72, \ \ldots \text{ progression du quatrième ordre.}$$
$$\text{etc.}$$

La description précédente conduit naturellement à la définition plus précise que voici :

On appelle progression arithmétique *une suite de nombres dont chacun est égal à celui qui le précède, ajouté au terme de même rang de la progression d'un ordre immédiatement inférieur.*

Ainsi le cinquième terme 72, de la progressive du 4ᵉ ordre, du tableau précédent, est égal au terme 38, qui précède 72, c'est-à-dire au quatrième terme, plus le quatrième terme 34 de la progression du troisième ordre.

Plus généralement, le n^e terme d'une progression du p^e ordre est égal au $n - 1^e$ terme de cet ordre, plus le $n - 1^e$ terme de la progression de l'ordre $p - 1$.

La *raison*, les *premiers termes*, et l'*ordre*, sont les trois éléments constitutifs d'une progression arithmétique.

Lorsque la raison est égale à l'unité, que tous les premiers termes sont égaux à zéro, on obtient les progressions les plus simples, que nous nommerons *progressions élémentaires*, ou *nombres naturels de tous les ordres*.

Lorsque la raison diffère de l'unité, ou que tous les premiers termes ne sont pas nuls, on obtient des progressions plus complexes, que nous nommerons *progressions composées*.

La théorie des progressions a principalement pour objet, la *sommation* et la *détermination de l'un quelconque de ses termes*. Nous résoudrons ces deux problèmes successivement pour chacune des deux classes de progressions.

A. *Progressions de la 1re classe.*

Nous donnons dans la table ci-jointe, que l'on nomme souvent *triangle arithmétique* (de Pascal), une suite de progressions élémentaires, composée des 15 premiers ordres.

Un nombre quelconque de cette table est égal à celui qui se trouve au-dessus de lui, ajouté à son adjacent à gauche.

TABLE DES PROGRESSIONS ÉLÉMENTAIRES.

RAISON.	1er ORDRE.	2e ORDRE.	3e ORDRE.	4e ORDRE.	5e ORDRE.	6e ORDRE.	7e ORDRE.	8e ORDRE.	9e ORDRE.	10e ORDRE.	11e ORDRE.	12e ORDRE.	13e ETC.	14e ETC.	15e ETC.
1	0	0	0	0	0	0	0	0	0	0	0	0	0	0	0
1	1	0	0	0	0	0	0	0	0	0	0	0	0	0	0
1	2	1	0	0	0	0	0	0	0	0	0	0	0	0	0
1	3	3	1	0	0	0	0	0	0	0	0	0	0	0	0
1	4	6	4	1	0	0	0	0	0	0	0	0	0	0	0
1	5	10	10	5	1	0	0	0	0	0	0	0	0	0	0
1	6	15	20	15	6	1	0	0	0	0	0	0	0	0	0
1	7	21	35	35	21	7	1	0	0	0	0	0	0	0	0
1	8	28	56	70	56	28	8	1	0	0	0	0	0	0	0
1	9	36	84	126	126	84	36	9	1	0	0	0	0	0	0
1	10	45	120	210	252	210	120	45	10	1	0	0	0	0	0
1	11	55	165	330	462	462	330	165	55	11	1	0	0	0	0
1	12	66	220	495	792	924	792	495	220	66	12	1	0	0	0
1	13	78	286	715	1287	1716	1716	1287	715	286	78	13	1	0	0
1	14	91	364	1001	2002	3003	3432	3003	2002	1001	364	91	14	1	0

Exemple. 35, ou le cinquième terme de la colonne du troisième ordre, est égal à $15 + 20$.

De là on déduit comme conséquence immédiate, qu'un nombre quelconque de cette table est égal à la somme des termes placés au-dessus de lui, et prise dans la colonne adjacente à gauche.

Exemple. Le cinquième terme de la colonne du troisième ordre est 35; mais on a $35 = $ à la somme des cinq premiers termes de la progression adjacente $1 + 3 + 6 + 10 + 15$. Car on a : 8

$$35 = 20 + 15$$
$$20 = 10 + 10$$
$$10 = 4 + 6$$
$$4 = 1 + 3$$
$$1 = 0 + 1$$

somme $= 35 + (20 + 10 + 4 + 1) = (20 + 10 + 4 + 1) + 1 + 3 + 6 + 10 + 15$

ou, en retranchant de part et d'autre la somme égale $(20 + 10 + 4 + 1)$,

$$35 = 1 + 3 + 6 + 10 + 15.$$

Réciproquement, la somme des n premiers termes de l'une quelconque des progressions de la table précédente, est égale au n^e terme de la progression de l'ordre immédiatement supérieur.

Remarque. Les nombres naturels du 2° ordre sont aussi appelés *nombres triangulaires;* on nomme encore souvent *nombres pyramidaux,* 1ers, 2es, 3es, etc., respectivement, ceux du 8°, du 4°, etc., ordre.

a. *Progressions élémentaires du 1er ordre.*

1er *Problème.* Déterminer un terme quelconque d'une progression élémentaire du 1er ordre?

Si nous faisons commencer les progressions élémentaires par leurs premiers termes significatifs, qui sont partout l'unité, nous pourrons dire : qu'un terme quelconque de la progression élémentaire du 1er ordre a pour valeur le nombre qui marque le rang de ce terme. Ainsi le n^e terme de la progression

$$1, 2, 3, \text{etc.}$$

est n.

2e *Problème.* Trouver la somme d'un nombre quelconque de termes de la progression élémentaire du 1er ordre?

En combinant 2 à 2 les six éléments a, b, c, d, e, f, on obtient un nombre de combinaisons, marqué par la somme des cinq premiers nombres naturels, $1+2+3+4+5$. En effet ces combinaisons étant

$$ab \quad bc \quad cd \quad de \quad ef$$
$$ac \quad bd \quad ce \quad df$$
$$ad \quad be \quad cf$$
$$ae \quad bf$$
$$af,$$

si chacune devient égale à 1, leur nombre sera marqué par la somme des groupes d'unités suivants,

$$1 \quad 1 \quad 1 \quad 1 \quad 1$$
$$1 \quad 1 \quad 1 \quad 1$$
$$1 \quad 1 \quad 1$$
$$1 \quad 1$$
$$1$$

c'est-à-dire par la somme des nombres $5+4+3+2+1$.

Mais comme 6 éléments combinés 2 à 2 fournissent $\frac{5.6}{1.2}$ combinaisons, il est clair que la *somme* des *cinq* premiers nombres naturels est égale à $\frac{5.6}{1.2}$. On prouvera de même que les sommes des 6 premiers, des 7 premiers, etc., termes de la même progression, seront respectivement données par

$$\frac{6.7}{1.2}, \quad \frac{7.8}{1.2}, \quad \text{etc.}$$

En général, la somme des n premiers nombres naturels, est égale au nombre des combinaisons 2 à 2 de $n+1$ lettres. On a donc pour cette somme

$$\frac{(n+1).n}{1.2}$$

b. *Progressions du 2e ordre.*

1er *Problème*. Déterminer un terme quelconque de la progression élémentaire du 2e ordre?

Un terme quelconque de cette progression étant égal à la somme d'un nombre de termes de la progression du 1er ordre, marqué par le rang du terme que l'on considère, il est clair que le n^o terme du 2e ordre est égal à la somme des n premiers termes du 1er ordre.

Soit donc n^2 ce n^o terme, on aura généralement

$$n_2 = \frac{n.(n+1)}{1.2}.$$

Si nous faisons n successivement égal à 1, 2, 3, 4, etc., on aura

$$1^{\text{er}} \text{ terme de la progression du } 2^{\text{e}} \text{ ordre, ou } 1 = \frac{1.2}{1.2}.$$

$$2^{\text{e}} \text{ terme} \qquad » \qquad » \qquad \text{ou } 3 = \frac{2.3}{1.2}.$$

$$3^{\text{e}} \text{ terme} \qquad » \qquad » \qquad \text{ou } 6 = \frac{3.4}{1.2}.$$

$$4^{\text{e}} \text{ terme} \qquad » \qquad » \qquad \text{ou } 10 = \frac{4.5}{1.2}.$$

etc.   etc.

2e *Problème*. Trouver la somme d'un nombre quelconque de termes de la progression du 2e ordre $1 + 3 + 6 + \dots$?

Si l'on combine 2 à 2 les lettres $a, b, c, d, e, f,$ on obtient les quinze combinaisons

$$
\begin{array}{lllll}
ab & bc & cd & de & ef \\
ac & bd & ce & df & \\
ad & be & cf & & \\
ae & bf & & & \\
af. & & & &
\end{array}
$$

Or si l'on passe aux combinaisons 3 à 3, il est clair que ab en fournira quatre, puisqu'il y a quatre lettres, $c, d, e, f,$ après b; ac en fournira trois; ad en donnera deux; et ae, une. Si nous passons à la 2e rangée, nous verrons que la combinaison binaire bc en donnera trois ternaires; bd en fournira deux; be, une; cd en donnera deux; ce, une; enfin de en donnera une aussi. Par conséquent le nombre des combinaisons sera égal à la somme des unités que l'on obtiendra, en changeant ab en 4; ac, en 3; ad, en 2; ae, en 1, dans la 1re rangée binaire : celles de la 2e, respectivement en 3, 2, 1, etc. On aura alors pour cette somme

$$
\begin{array}{llll}
4 & 3 & 2 & 1 \\
3 & 2 & 1 & \\
2 & 1 & & \\
1 & & &
\end{array}
$$

ou $\qquad\qquad 10 + 6 + 3 + 1 =$ la somme des quatre premiers termes de la progression du 2e ordre.

Or, comme le nombre des combinaisons de 6 lettres 3 à 3 est donné par $\frac{4.5.6}{1.2.3}$, il est clair que la somme des 4 premiers termes de cette progression sera égale au même nombre; on a donc

$$1 + 3 + 6 + 10 = \frac{4.5.6}{1.2.3}$$

On aurait trouvé par des raisonnements tout à fait semblables, que les sommes des 5, des 6, etc., premiers termes de la même progression, sont respectivement égales à

$$\frac{5.6.7}{1.2.3}, \quad \frac{6.7.8}{1.2.3}, \quad \text{etc.}$$

En général, la somme des n premiers termes est donnée par

$$\frac{n.(n+1).(n+2)}{1.2.3} = \frac{(n+2)^3/_{-1}}{3!} = \frac{n^3/_{+1}}{3!}$$

En faisant n successivement égal à 1, 2, 3, 4, etc., on aura respectivement les sommes du premier des 2, des 3, des 4, etc., premiers termes de la progression 1, 3, 6, etc.

c. *Progressions du 3e ordre.*

1er *Problème*. Trouver un terme quelconque d'une progression élémentaire du 3° ordre?

Comme un terme quelconque de cette progression est égal à la somme d'un même nombre de termes de la progression du 2° ordre, il est clair que le n^o terme du 3° ordre est égal à la somme des n premiers termes du 2° ordre. Soit donc n_3 le n^o terme du 3° ordre, on aura :

$$n_3 = \frac{n.(n+1).(n+2)}{1.2.3} = \frac{n^3/_{+1}}{3!}$$

Si l'on pose successivement $n = 1, 2, 3, 4$, etc., on aura pour le 1er, le 2°, le 3°, le 4° terme, respectivement les expressions :

$$1\text{er terme ou } 1 = \frac{1.2.3}{1.2.3}$$

$$2°\text{ terme ou } 4 = \frac{2.3.4}{1.2.3}$$

$$3°\text{ terme ou } 10 = \frac{3.4.5}{1.2.3}$$

$$4°\text{ terme ou } 20 = \frac{4.5.6}{1.2.3}$$

$$\text{etc.,} \qquad \text{etc.}$$

2° *Problème*. Trouver la somme des n premiers termes de la même progression?

On a pour les combinaisons 3 à 3 des six éléments a, b, c, d, e, f,

abc	bcd	cde	def
abd	bce	cdf	
abe	bcf	cef	
abf	bde		
acd	bdf		
ace	bef		
acf			
ade			
adf			
aef			

Or, pour passer de ces combinaisons aux combinaisons 4 à 4, on doit écrire abc, trois fois; abd, deux fois; abe, une fois, et abf, zéro fois; d'où il suit que les combinaisons 3 à 3 qui contiennent la combinaison binaire ab donnent une somme de combinaisons quaternaires marquée par $3+2+1=6$. De même les combinaisons ternaires, formées de la binaire ae, donnent un nombre de combinaisons 4 à 4 marqué par $2+1=3$; enfin celles qui contiennent ad donnent une combinaison quaternaire. On déduit de là que la 1re rangée des combinaisons ternaires donnera $6+3+1$ combinaisons 4 à 4. On prouvera de même que la 2$^\text{e}$ rangée en donnera $3+1$, la 3$^\text{e}$ 1, et la dernière aucune.

Par conséquent le nombre des combinaisons 4 à 4 de six lettres est égal au nombre que l'on obtient, en remplaçant les rangées des combinaisons précédentes par

$$
\begin{array}{ccc}
6 & 3 & 1 \\
3 & 1 & \\
1 & & \\
\hline
\end{array}
$$

$$\text{somme} \quad 10+4+1.$$

Il suit de là, que la somme des trois premiers termes de la progression élémentaire du 3$^\text{e}$ ordre est égale au nombre des combinaisons 4 à 4, avec 6 lettres, ou égale à $\dfrac{3.4.5.6}{1.2.3.4}$; on a donc

$$1+4+10=\frac{3.4.5.6}{1.2.3.4}.$$

On trouverait de même, que les sommes des 4, des 5, etc., premiers termes sont respectivement données par

$$1+4+10+20=\frac{4.5.6.7}{1.2.3.4},$$

$$1+4+10+20+35=\frac{5.6.7.8}{1.2.3.4},$$

$$\text{etc.}$$

En général, la somme des n premiers termes de cette progression est égale à

$$\frac{n.(n+1).(n+2).(n+3)}{1.2.3.4}=\frac{(n+3)^{4/}{-1}}{4!}=\frac{n^{4/}{+1}}{4!}.$$

Remarque. Par des raisonnements entièrement semblables aux précédents, on prouvera que le n^e terme de la progression élémentaire du 4$^\text{e}$ ordre est égal à

$$\frac{n.(n+1).(n+2).(n+3)}{1.2.3.4}=\frac{(n+3)^{4/}{-1}}{4!}=\frac{n^{4/}{+1}}{4!},$$

et que la somme de ses n premiers termes est égale au nombre des combinaisons 5 à 5 avec $n+4$ lettres, ou égale à

$$\frac{n.(n+1).(n+2).(n+3).(n+4)}{1.2.3.4.5}=\frac{(n+4)^{5/}{-1}}{5!}=\frac{n^{5/}{+1}}{5!}.$$

En général, le n^e terme de l'ordre p est égal à $\dfrac{n^{p}|_{+,}}{p!}$, et la somme de ses termes est donnée par $\dfrac{n^{p+1}|_{+,}}{p+1\,!}$

B. *Progressions de la 2ᵉ classe.*

Problème. Former une table pour toutes les progressions complexes?

Soient A la raison; B, C, D, etc., respectivement les premiers termes des progressions du 1ᵉʳ, du 2ᵉ, du 3ᵉ, etc., ordre, il est clair qu'on formera, 1° la progression du 1ᵉʳ ordre en écrivant

$$A \qquad A \qquad A \qquad A \quad \dots$$
$$B \qquad B+A \quad B+2A \quad B+3A \ \dots$$

2° la progression du 2ᵉ ordre, en écrivant :

$$B, \qquad B+A, \qquad B+2A, \qquad B+3A, \qquad \text{etc.}$$
$$C, \qquad C+B, \qquad C+2B+A, \quad C+3B+3A, \quad \text{etc.}$$

et ainsi de suite. La table suivante, poussée jusqu'au 4ⁿ ordre, éclaircira ce qui précède.

TABLE DES PROGRESSIONS COMPLEXES.

RANG DES TERMES.	RAISON.	1ᵉʳ ORDRE.	2ᵉ ORDRE.	3ᵉ ORDRE.	4ᵉ ORDRE.	ETC.
1ᵉʳ	1.A	1.B	1.C	1.D	1.E	
2ᵉ	1.A	1.B+1.A	1.C+1.B	1.D+1.C	1.E+1.D	
3ᵉ	1.A	1.B+2.A	1.C+2.B+1.A	1.D+2.C+1.B	1.E+2.D+1.C	
4ᵉ	1.A	1.B+3.A	1.C+3.B+3.A	1.D+3.C+3.B+1.A	1.E+3.D+3.C+1.B	
5ᵉ	1.A	1.B+4.A	1.C+4.B+6.A	1.D+4.C+6.B+4.A	1.E+4.D+6.C+4.B+1.A	etc.
6ᵉ	1.A	1.B+5.A	1.C+5.B+10.A	1.D+5.C+10.B+10.A	1.E+5.D+10.C+10.B+5.A	
7ᵉ	1.A	1.B+6.A	1.C+6.B+15.A	1.D+6.C+15.B+20.A	1.E+6.D+15.C+20.B+15.A	
8ᵉ	1.A	1.B+7.A	1.C+7.B+21.A	1.D+7.C+21.B+35.A	1.E+7.D+21.C+35.B+35.A	
9ᵉ	1.A	1.B+8.A	1.C+8.B+28.A	1.D+8.C+28.B+56.A	1.E+8.D+28.C+56.B+70.A	
10ᵉ	1.A	1.B+9.A	1.C+9.B+36.A	1.D+9.C+36.B+84.A	1.E+9.D+36.C+84.B+126.A	
	A	B A	C B A	D C B A	E D C B A	etc.

a. *Progressions du 1ᵉʳ ordre.*

1ᵉʳ *Problème.* Trouver le n^e terme d'une progression arithmétique quelconque du 1ᵉʳ ordre, la raison étant A, et le 1ᵉʳ terme B?

L'inspection de la troisième colonne de la table précédente suffit pour trouver la solution de ce problème; car l'on voit, qu'un terme quelconque de cette progression est égal à son 1ᵉʳ terme, plus la raison, prise autant de fois qu'il y a de termes avant lui.

Exemple 1ᵉʳ. Le 9ᵉ terme, ou $B + 8.A$, est égal au 1ᵉʳ terme B, de la progression, plus 9—1 fois, ou 8 fois la raison A.

On a donc, généralement pour le n^e terme, dont nous désignerons la valeur par x,

$$x = B + (n - 1).A.$$

Exemple 2º. *Quel est le 12ᵉ terme d'une progression arithmétique du premier ordre qui commence par 3, et dont la raison est 4 ; c'est-à-dire de la progression 3, 7, 11, 15, etc.?*

On a ici $B = 3$, $A = 4$, $n = 12$, par conséquent le terme demandé sera

$$x = 3 + 11.4 = 47.$$

2ᵉ *Problème.* Trouver la somme des n premiers termes d'une progression arithmétique du 1ᵉʳ ordre, qui commence par B, et dont la raison est A?

L'inspection de la table des progressions complexes fait voir :

Que la somme des termes d'une progression arithmétique du 1ᵉʳ ordre est égale à son 1ᵉʳ terme, pris autant de fois qu'il y a de termes, plus la raison prise autant de fois qu'il est marqué par la somme des nombres naturels qui précèdent le rang du dernier terme de la progression.

Car on a, pour la somme des 9 premiers termes des nombres de la 3ᵉ colonne,

$$9.B + (1 + 2 + 3 + 4 + 5 + 6 + 7 + 8).A ;$$

ou 9 B + A fois le 8ᵉ terme de la progression élémentaire du 2ᵉ ordre :

$$= 9.B + \frac{8.9}{1.2}.A.$$

On trouverait de même pour la somme des 7 premiers termes de la même progression,

7.B + A fois le 6ᵉ terme de la progression élémentaire du 2ᵉ ordre,

$$\text{ou} \quad 7.B + \frac{6.7}{1.2}.A.$$

En général,

La somme des n premiers termes d'une progression arithmétique du 1ᵉʳ ordre est égale à n fois B + le n — 1ᵉ terme de la progression élémentaire du 2ᵉ ordre.

En désignant par f_n cette somme, on a :

$$f_n = n.\text{B} + \frac{n(n-1)}{1.2}.\text{A}.$$

Si l'on fait n successivement égal à

$$1, 2, 3, 4, \text{etc.,}$$

on obtiendra respectivement les sommes du 1er des 2 premiers, des 3, des 4, etc., premiers termes de cette progression.

Exemple. Trouver la somme des 12 premiers termes d'une progression arithmétique du 1er ordre qui commence par 3, et dont la raison est 4?

On a ici : $\text{A} = 4$, $\text{B} = 3$, $n = 12$, donc

$$f_{12} = 12.3 + \frac{11.12}{1.2}.4.$$

b. *Progressions du 2e ordre.*

1er *Problème.* Trouver le n^e terme d'une progression arithmétique quelconque du 2e ordre?

L'inspection de la table des progressions complexes fait voir que

Le n^e terme du 2e ordre se compose de trois termes, savoir : du 1er terme C de la progression; plus le premier terme B de la progression du 1er ordre, pris autant de fois qu'il est marqué par le $n-1^e$ terme de la progression élémentaire du 1er ordre; plus la raison A, prise autant de fois qu'il est marqué par le $n-2^e$ terme de la progression élémentaire du 2e ordre.

Or le $n-1^e$ terme de la progression élémentaire du 1er ordre est $n-1$;

le $n-2^e$ terme de la progression élémentaire du 2e ordre est $\dfrac{(n-2).(n-1)}{1.2}$;

On a donc pour le n^e terme demandé :

$$x = \text{C} + (n-1).\text{B} + \frac{(n-1).(n-2)}{1.2}.\text{A}.$$

Remarque. En faisant successivement $n = 1, 2, 3$, etc., on obtiendra respectivement le 1er, le 2e, le 3e, etc., terme de cette progression.

Exemple. Quel est le 12e terme d'une progression arithmétique du 2e ordre, qui commence par 8, dont 5 est le 1er terme de la progression du 1er ordre, et qui a pour raison 7?

On a ici : $\text{C} = 8$, $\text{B} = 5$, $\text{A} = 4$, $n = 12$; donc

$$x = 8 + 11.5 + \frac{11.10}{1.2}.7.$$

2e *Problème.* Trouver la somme des n premiers termes d'une progression arithmétique du 2e ordre, C étant son 1er terme, B celui de la progression inférieure, et A la raison?

6

L'inspection de la table des progressions complexes fait voir que la somme des n premiers termes est égale à n fois le 1er terme C; plus B fois la somme des $n-1$ premiers nombres naturels; plus A fois la somme des $n-2$ premiers termes de la progression élémentaire du 2e ordre.

Or, la somme des $n-1$ premiers nombres naturels est $\dfrac{n.(n-1)}{1.2}$; et la somme des $n-2$ premiers termes de la progression élémentaire du 2e ordre est $\dfrac{(n-2).(n-1).n}{1.2.3}$. On a donc, en désignant la somme demandée par $\int_n$,

$$\int_n = n.C + \frac{n.(n-1)}{1.2}.B + \frac{n.(n-1).(n-2)}{1.2.3}.A.$$

Exemple 1. La somme des 7 premiers termes de la progression du 2e ordre qui commence par C, qui a B pour son 1er terme de la progression inférieure, et A pour raison, est

$$7.C + (1+2+3+4+5+6).B + (1+3+6+10+15).A =$$
$$7.C + \frac{6.7}{1.2}.B + \frac{5.6.7}{1.2.3}.A.$$

Exemple 2. *Trouver la somme des* 12 *premiers termes d'une progression du* 2e *ordre qui commence par* 8, *dont le* 1er *terme de la progression inférieure est* 5, *et dont la raison est* 4?

On a ici : $A = 4$, $B = 5$, $C = 8$, $n = 12$, par conséquent

$$\int_{12} = 12.C + \frac{12.11}{1.2}.5 + \frac{12.11.10}{1.2.3}.4.$$

Remarque. On trouverait, par des procédés entièrement semblables, pour le n^e terme de la progression du 3e ordre dont D serait le 1er terme, A la raison, B et C respectivement les premiers termes des progressions du premier et du second ordre, la valeur

$$x = D + (n-1).C + \frac{(n-1).(n-2)}{1.2}.B + \frac{(n-1).(n-2).(n-3)}{1.2.3}.A;$$

et pour la somme $\int_n$ de ses n premiers termes, cette autre valeur

$$\int_n = n.D + \frac{n.(n-1)}{1.2}.C + \frac{n.(n-1).(n-2)}{1.2.3}.B + \frac{n.(n-1).(n-2).(n-3)}{1.2.3.4}.A;$$

ou bien,

$$x = D + (n-1).C + \frac{(n-2)^{2/}+1}{2!}.B + \frac{(n-3)^{3/}+1}{3!}.A;$$

$$\int_n = n.D + \frac{(n-1)^{2/}+1}{2!}.C + \frac{(n-2)^{3/}+1}{3!}.B + \frac{(n-3)^{4/}+1}{4!}.A.$$

En général, le n^e terme, et la somme des n premiers termes d'une progression de l'ordre p, dans laquelle A_1, A_2, A_3, etc. ... A_r, représentent respectivement le 1er terme de la progression donnée, de celle de 1, de 2, etc., ordres inférieurs, et enfin la raison, seront donnés par les expressions

$$x = A_1 + (n-1).A_2 + \frac{(n-2)^{2/+_1}}{2!}.A_3 + \frac{(n-3)^{3/+_1}}{3!}.A_4 + \ldots + \frac{(n-p)^{p/+_1}}{p!}.A_r.$$

$$\int_n = nA_1 + \frac{(n-1)^{2/+_1}}{2!}.A_2 + \frac{(n-2)^{3/+_1}}{3!}.A_3 + \frac{(n-3)^{4/+_1}}{4!}.A_4 + \ldots + \frac{(n-p)^{p+1/+_1}}{p+1!}.A_r.$$

Remarque. On appelle *nombres figurés* les progressions du 2e *ordre*, qui ont l'unité pour leurs premiers termes, et pour raison successivement 1, 2, 3, ...

Lorsque la raison des nombres figurés est 1, leurs termes consécutifs sont nommés *nombres triangulaires;* lorsque la raison est 2, on obtient les *nombres carrés;* lorsqu'elle est 3, on a les pentagones, et ainsi de suite. Voyez la table ci-jointe.

TABLE DE NOMBRES FIGURÉS.

RAISON.	1er ORDRE.	TRIANG.	RAISON.	1er ORDRE.	CARR.	RAISON.	1er ORDRE.	PENTAG.
1	1	1	2	1	1	3	1	1
1	2	3	2	3	4	3	4	5
1	3	6	2	5	9	3	7	12
1	4	10	2	7	16	3	10	22
1	5	15	2	9	25	3	13	35
1	6	21	2	11	36	3	16	51
1	7	28	2	13	49	3	19	70
1	8	36	2	15	64	3	22	92
1	9	45	2	17	81	3	25	117

Appliquons les théories précédentes à la résolution de quelques problèmes.

Exemple 1. Trouver le nombre de boulets d'une pile pyramidale à base carrée, le côté de la base étant de 36 boulets?

Cette pile est formée de tranches horizontales dont la première est d'un boulet, la 2e de 4, la 3e de 9, la 4e de 16, etc. : les nombres de boulets constituent par conséquent, une progression arithmétique composée des nombres carrés

$$1, 4, 9, 16, \text{etc.};$$

par conséquent la progression du 1er ordre est 3, 5, 7, etc., qu'on obtient, en retranchant 1 de 4, 4 de 9, 9 de 16, etc., la raison de cette progression est 2.

Il suit de là que la question est ramenée à chercher la somme des 36 premiers termes de la progression du 2e ordre

$$1, 4, 9, 16, \text{etc.}$$

On connaît son 1er terme 1, le 1er terme 3, de la progression inférieure, la raison 2, et le nombre des termes 36.

Mais on a, en général, pour le 2e ordre

$$f_n = n.C + \frac{n(n-1)}{1.2}.B + \frac{n(n-1)(n-2)}{1.2.3}.A.$$

Donc, si l'on pose $C = 1$, $B = 3$, $A = 2$, $n = 36$, on obtient pour le nombre demandé

$$f = 36.1 + \frac{36.35}{1.2}.3 + \frac{36.35.34}{1.2.3}.2.$$

Exemple 2. Trouver le nombre de boulets d'une pile pyramidale à base triangulaire, le côté de la base étant de 12 boulets?

Le sommet est formé par un boulet, qui repose sur un lit de 3 boulets, lequel repose sur une tranche de 6 boulets, etc. Les nombres des boulets des diverses tranches suivent la progression du 2e ordre

$$1, 3, 6, 10, \text{etc.,}$$

dont on demande la somme des 12 premiers termes. On a pour cette somme

$$1.12 + 2.\frac{12.11}{1.2} + 1.\frac{12.10.11}{1.2.3}.$$

Car la progression inférieure à la progression donnée, est 2, 3, 4, etc., et la raison est 1. On a donc $C = 1$, $B = 2$, $A = 1$, $n = 12$.

Exemple 3. Trouver le nombre des boulets d'une pile rectangulaire, dont les deux côtés de la base comptent respectivement 12 et 8 boulets?

Le nombre des boulets de la tranche inférieure est de 8 fois 12 $= 96$; la tranche qui suit en a 7 fois 11 $= 77$; la suivante, 6 fois 10, ou 60; celle qui suit 5 fois 9 $= 45$, puis 4 fois 8 $= 32$; 3 fois 7 $= 21$; 2 fois 6 ou 12, enfin la dernière est une rangée de 1 fois 5, ou 5 boulets.

On a donc à chercher la somme des 8 premiers termes de la progression

$$5, 12, 21, 32, \text{etc.}$$

La progression du 1er ordre étant

$$7, 9, 11, \text{etc.},$$

et la raison $= 2$, on trouve

$$f = 8.5 + \frac{8.7}{1.2}.7 + \frac{8.7.6}{1.2.3}.2.$$

DEUXIÈME SECTION.

DE L'ADDITION COMPLEXE, OU CALCUL DES SOMMES.

Règle. Pour additionner plusieurs sommes indiquées, on réunira les divers termes qui les composent en une seule somme indiquée, puis on effectuera, s'il est nécessaire, les additions partielles et successives.

Exemple 1. Ajouter les trois sommes indiquées $4+7$, $5+3+2$, $9+12+11$. On a

$$4+7+5+3+2+9+12+11.$$

Exemple 2. Ajouter $A.10^m + B.10^p$, $A_2.10^m + B_2.10^p$, $A_3.10^m + B_3.10^p$. On trouve :

$$A.10^m + B.10^p + A_2.10^m + B_2.10^p + A_3.10^m + B_3.10^p =$$

$$A + A_2 + A_3).10^m + (B + B_2 + B_3).10^p.$$

CHAPITRE II.
GÉNÉRATION DES DIFFÉRENCES.

La génération des différences peut être considérée sous deux points de vue différents, savoir : 1° comme génération de tous les nombres par la soustraction successive de l'unité ; 2° comme génération d'une seule collection d'unités, équivalente à la différence des deux autres. La première manière d'envisager la génération des différences constitue la *numération régressive,* la seconde manière se rapporte à la *soustraction proprement dite.*

§ 5. DE LA NUMÉRATION RÉGRESSIVE.

La numération régressive a pour objet la formation des unités inférieures à une unité donnée quelconque, et la formation des nombres simples et composés rapportés également à des unités inférieures à celles par lesquelles ils sont censés avoir été mesurés.

A. *Numération régressive des unités.*

Une unité quelconque est toujours une partie de l'unité immédiatement supérieure, marquée par la base du système de numération que l'on considère.

Il suit de là que :

1° Une unité inférieure a toujours un zéro de moins que l'unité immédiatement supérieure.

Donc pour passer d'une unité supérieure à l'unité immédiatement inférieure, il suffira d'en retrancher un zéro.

En général, une unité inférieure a toujours un, ou deux, ou trois, etc., zéros de moins qu'une unité supérieure, selon qu'elle est d'un, de deux, de trois, etc., rangs inférieure.

Par conséquent si n est le nombre de zéros d'une unité donnée, $n - p$ sera celui d'une unité inférieure de p rangs.

Ainsi dans le système décimal, une dizaine d'un ordre quelconque a un zéro de moins que la centaine du même ordre ; et une unité quelconque a trois zéros de moins que l'unité de même espèce de l'ordre immédiatement supérieur.

Comme l'unité fondamentale, ou *un*, n'a aucun zéro à sa droite, on est convenu de mettre cette unité au 1er, au 2°, au 3°, etc., rang, à la droite d'une virgule, pour indiquer respectivement les unités inférieures d'un, de deux, de trois, etc., rangs.

Ainsi 0,1 ; 0,01 ; 0,001 ; etc., expriment, dans le système dont la base est a, respectivement des unités de un, de deux, de trois, etc., rangs inférieures à l'unité fondamentale 1. Par conséquent 0,1 exprime la a^e partie de 1 ; 0,01, est la a^e partie de 0,1, ou la a fois a^e partie de 1, etc.

Dans le système décimal, les notations 0,1 ; 0,01 ; 0,001 ; etc., expriment respectivement des unités qui font le *dixième*, le *centième*, le *millième*, etc., de l'unité fondamentale.

2° Comme, en général, p zéros de moins à la droite de 1, font reculer le chiffre 1 de p rangs vers la droite, il est clair qu'en reculant ce chiffre de p rangs vers la droite, il exprimera dans sa nouvelle position une unité de p rangs moins élevée.

Ainsi, si dans le système décimal, on recule l'unité 1, de un, de deux, de trois, etc., rangs vers la droite, on aura respectivement le dixième, le centième, le millième, etc., de cette unité. Exemple :

$$1\ldots\ldots\text{unité fondamentale}$$
$$0,1\ldots\ldots\text{un dixième}$$
$$0,01\ldots\text{un centième}$$
$$0,001\ldots\text{un millième}$$
$$\text{etc. ;}$$

de même,

$$1000\ldots\ldots\ldots\text{mille}$$
$$100,0\ldots\ldots\text{un dixième de mille, ou cent}$$
$$10,00\ldots\ldots\text{un centième de mille, ou dix}$$
$$1,000\ldots\ldots\text{un millième de mille, ou un.}$$

3° Comme l'exposant de 10 marque le nombre de zéros qu'on doit mettre à la droite de 1, pour avoir l'espèce d'unité demandée, il est clair qu'en retranchant, un nombre p de cet exposant, on aura celui qui convient à l'unité moindre de p rangs.

Ainsi, en général,

$$10^{n-p}$$

exprime une unité moindre de p rangs que l'unité 10^n.

Si l'on fait p successivement égal à 1, 2, 3, etc., on aura respectivement toutes les unités inférieures à '10^n.

Soit par exemple $n = 5$:

On aura, pour l'ensemble des unités inférieures à 10^5, l'expression : 10^{5-p}.

Or, si nous faisons p successivement égal à 1, 2, 3, 4, 5, 6, 7, etc., nous aurons pour ces unités inférieures, respectivement

$$10^{5-1} = 10^4 = 10000 \qquad\quad = 10000$$
$$10^{5-2} = 10^3 = 1000{,}0 \qquad = 1000$$
$$10^{5-3} = 10^2 = 100{,}00 \qquad = 100$$
$$10^{5-4} = 10^1 = 10{,}000 \qquad = 10$$
$$10^{5-5} = 10^0 = 1{,}0000 \qquad = 1$$
$$10^{5-6} = 10^{-1} = 0{,}10000 \quad = 0{,}1$$
$$10^{5-7} = 10^{-2} = 0{,}010000 = 0{,}01$$

etc.

Ces résultats donnent lieu à deux observations : 1. Quelle que soit la valeur de 10, c'est-à-dire de la base du système de numération, on a toujours

$$10^0 = 1 \, ;$$

2. Quelle que soit la base du système de numération, ou la valeur de 10, les exposants, précédés du signe —, indiquent toujours des unités inférieures à 1.

4° Si nous désignons, en général, par la notation $\dfrac{a}{b}$, qu'il faut prendre la b^{e} partie de a, notation dont nous avons déjà fait usage, il est clair que des parties d'une unité quelconque 10^m, marquées par 10^1, 10^2, etc., 10^p, seront respectivement désignées par

$$\frac{10^m}{10^1}, \; \frac{10^m}{10^2}, \; \frac{10^m}{10^p}, \; \text{etc.}$$

Mais comme les parties d'une unité 10^m, marquées par 10^1, 10^2, etc., 10^p, font respectivement des unités de 1, de 2, etc., de p rangs moindres, il est clair qu'en général $\dfrac{10^m}{10^p}$ exprimera une unité de p rangs moindre que 10^m.

On a donc généralement, quelle que soit la base ou la valeur de 10,

$$10^{m-p} = \frac{10^m}{10^p} \, ;$$

soit $m = 0$, on a

$$10^{-p} = \frac{10^0}{10^p} = \frac{1}{10^p},$$

quelle que soit la valeur de la base 10.

On a donc pour $p = 1$, 2, 3, etc., respectivement,

$$10^{-1} = \frac{1}{10}, \; 10^{-2} = \frac{1}{10^2} = \frac{1}{100}; \; 10^{-3} = \frac{1}{10^3} = \frac{1}{1000}; \; \text{etc.,}$$

et par suite les identités

$$10^{-1} = \frac{1}{10} = 0{,}1$$

$$10^{-2} = \frac{1}{100} = 0{,}01$$

$$10^{-3} = \frac{1}{1000} = 0{,}001$$

etc.

B. *Numération régressive des nombres simples.*

Comme $b.10^m$ exprime un nombre simple rapporté à la base 10, quelle que soit la valeur de cette base, pourvu que b représente un chiffre quelconque du système de numération correspondant à cette base, il est clair que $b.10^{m-p}$ représentera ce même chiffre rapporté à une unité inférieure de p rangs.

Il suit de là que,

1° Pour avoir un nombre simple inférieur de p rangs, il faut en retrancher p zéros, ou reculer son chiffre de p rangs vers la droite;

2° Si $m = 0$, l'expression $b.10^{m-p}$ devient $b.10^{-p} = b.\dfrac{1}{10^p}$; c'est-à-dire, si l'unité à laquelle le chiffre b était d'abord rapporté, faisait 1, la nouvelle unité de ce chiffre serait $\dfrac{1}{10^p}$; mais comme cette unité se place au p^e rang après la virgule, il est clair qu'on exprimerait aussi le nouveau nombre simple, en mettant son chiffre b à la p^e place à la droite de la virgule.

Si donc l'on fait p successivement égal à 1, 2, 3, etc., et $m = 4$, l'expression générale
$$b.10^{m-p}$$
deviendra respectivement

$$b.10^{4-1} = b.10^3 \quad = b000$$
$$b.10^{4-2} = b.10^2 \quad = b00$$
$$b.10^{4-3} = b.10^1 \quad = b0$$
$$b.10^{4-4} = b.10^0 \quad = b$$
$$b.10^{4-5} = b.10^{-1} = 0,b$$
$$b.10^{4-6} = b.10^{-2} = 0,0b$$
$$b.10^{4-7} = b.10^{-3} = 0,00b$$
$$\text{etc.}$$

Dans le système de numération décimal, le chiffre b, qui représente alors collectivement les nombres 2, 3, ... 8, 9, ferait, dans les expressions $0,b$; $0,0b$; $0,00b$, etc., respectivement b dixièmes, b centièmes, b millièmes, etc.

Par conséquent, dans ce système, un chiffre quelconque, mis à la première place après la virgule, vaut des dixièmes; à la deuxième, il vaut des centièmes; à la troisième, des millièmes, et ainsi de suite; de là les règles suivantes:

1re *Règle.* Pour écrire un nombre simple d'un chiffre, rapporté à une unité décimale inférieure à l'unité primitive, il faut mettre son chiffre à la droite d'une virgule à la place qui convient à l'unité à laquelle son chiffre est rapporté.

Exemple. Écrire sept millièmes?

Je mettrai le chiffre 7 à la place des millièmes, c'est-à-dire au troisième rang après la virgule; et j'aurai 0,007.

2° *Règle*. Pour énoncer un nombre simple rapporté à une unité décimale inférieure à l'unité primitive, il faut énoncer son chiffre et lui donner pour dénomination celle de l'unité qui convient à la place où il se trouve.

Exemple. Énoncer 0,0004 ?

Le chiffre 4 étant à la place des dix-millièmes, j'énoncerai *quatre dix-millièmes*.

Remarque 1. Puisqu'on a génénéralement $\dfrac{10^m}{10^n} = 10^{m-n}$,

on aura aussi b fois $\dfrac{10^m}{10^n} = b$ fois 10^{m-n}.

Il suit de là que la valeur d'un nombre simple supérieur, réduit à un rang inférieur de n unités, s'obtient en mettant le chiffre b de ce nombre à la place marquée par le rang $m - n$.

Par exemple, dans le système décimal on rapportera le nombre 7000, à l'unité *un millionième*, en écrivant $\dfrac{7.10^3}{10^6} = 7.10^{-3} = 0,007$. Mais comme la place des millionièmes est la 6° après la virgule, il est clair que l'on a aussi

$$\dfrac{7.10^3}{10^6} = 0.007000 :$$

d'où

$$0,007 = 0.007000.$$

Il suit de là qu'un nombre rapporté à une unité inférieure à l'unité primitive, ne change pas de valeur, lorsqu'on écrit à sa droite un nombre quelconque de zéros. Donc

un dixième=dix centièmes=cent millièmes, etc., car on a 0,1=0,10=0,100, etc.

Remarque 2. Puisqu'on a, quelle que soit la valeur de la base a ou 10,

$$10^n = (10-1).10^{n-1} + (10-1).10^{n-2} + \ldots + (10-1).10^0 + 1,$$

il est clair que le nombre simple inférieur à l'unité 10^n, d'une unité primitive 1, sera exprimé par

$$10^n - 1 = (10-1).10^{n-1} + (10-1).10^{n-2} + \ldots + (10-1).10^0.$$

Par conséquent si nous prenons une partie de ce nombre marquée par $10-1$, comme on a généralement, la $(10-1)^e$ partie de $b.(10-1)$ égal à b, on aura évidemment,

$$\dfrac{10^n - 1}{10-1} = 10^{n-1} + 10^{n-2} + \ldots + 1.$$

Si la base est dix, on aura $10-1=9$, et en faisant $n=4$, on aura $10^4 - 1 = 9999$. Par conséquent, $\dfrac{9999}{9} = 10^3 + 10^2 + 10 + 1 = 1111$.

Si nous désignons par b un chiffre quelconque, correspondant à la base quelconque 10, il est clair que l'on aura aussi

$$b.\dfrac{10^n - 1}{10-1} = b.10^{n-1} + b.10^{n-2} + \ldots + b.1.$$

Remarque 3. Comme on a successivement
$$10^5 = (10 - 1).10^4 + 10^4$$
$$10^5 = (10 - 2).10^4 + 2.10^4$$
$$10^5 = (10 - 3).10^4 + 3.10^4$$
$$\text{etc.,}$$
il est clair qu'on a généralement,
$$10^n = (10 - p).10^{n-1} + p.10^{n-1}.$$
En faisant $n = 5$, on a
$$10^5 = (10 - p).10^4 + p.10^4$$
$$p.10^4 = p.(10 - p).10^3 + p^2.10^3$$
$$p^2.10^3 = p^2(10 - p).10^2 + p^3.10^2$$
$$p^3.10^2 = p^3(10 - p).10^1 + p^4.10^1$$
$$p^4.10^1 = p^4(10 - p).10^0 + p^5.10^0$$

En ajoutant, on trouve,
$$10^5 + p.10^4 + p^2.10^3 + p^3.10^2 + p^4.10^1 = (10 - p).10^4 + (10 - p).p.10^3 +$$
$$(10 - p).p^2.10^2 + (10 - p).p^3.10^1 + (10 - p).p^4.10^0 + p.10^4 + p^2.10^3 + p^3.10^2$$
$$+ p^4.10 + p^5.10^0 ;$$
ou, en retranchant de part et d'autre, la somme égale
$$p.10^4 + p^2.10^3 + p^3.10^2 + p^4.10^1 ,$$
on trouve
$$10^5 = (10 - p).10^4 + (10 - p).p.10^3 + (10 - p).p^2.10^2 + (10 - p).p^3.10^1 +$$
$$(10 - p).p^4 + p^5 ;$$
ou, en tranchant p^5,
$$10^5 - p^5 = (10 - p).10^4 + (10 - p).p.10^3 + (10 - p).p^2.10^2 + (10 - p).p^3.10 + (10 - p).p^4.$$
Si l'on prend une partie de cette expression, marquée par $10 - p$, on
aura évidemment
$$\frac{10^5 - p^5}{10 - p} = 10^4 + p.10^3 + p^2.10^2 + p^3.10^1 + p^4 ,$$
et plus généralement,
$$\frac{10^n - p^n}{10 - p} = 10^{n-1} + p.10^{n-2} + p^2.10^{n-3} + \ldots + p^{n-1}.$$

C. *Numération régressive des nombres composés.*

La numération régressive des nombres composés consiste principalement
dans la méthode de rapporter les unités de ces nombres, et par conséquent
leurs chiffres, à des unités moindres. Cette méthode repose sur le principe
qu'un chiffre placé à la droite d'un autre est rapporté à une unité d'un rang
moins élevée.

Il suit de là, que pour rapporter chacun des chiffres d'un nombre composé
à une unité moindre de p rangs, il faudra les reculer tous de p rangs vers la

droite, c'est-à-dire placer la virgule de telle sorte, que le chiffre des unités les moins élevées, se trouve à la place réservée pour la nouvelle unité.

Exemple. Rapporter le nombre A B C D E à l'unité moindre de quatre rangs.

On a :

$$ABCDE = A.10^4 + B.10^3 + C.10^2 + D.10^1 + E.10^0.$$

Il est clair qu'il faudra rapporter chacun des nombres simples $A.10^4$, $B.10^3$, etc., à la nouvelle unité, ce qui donnera :

$$\frac{ABCDE}{10^4} = \frac{A.10^4}{10^4} + \frac{B.10^3}{10^4} + \frac{C.10^2}{10^4} + \frac{D.10^1}{10^4} + \frac{E.10^0}{10^4} =$$

$$A.10^0 + B.10^{-1} + C.10^{-2} + D.10^{-3} + E.10^{-4} =$$

$$A,BCDE.$$

Il suit de là, qu'en général, on rapportera un nombre composé à une unité de p rangs moindre, en avançant la virgule de p rangs vers la gauche; et réciproquement, on le rapportera à une unité de p rangs plus élevée, en déplaçant la virgule de p rangs vers la droite.

Ainsi, dans le système décimal, un nombre sera rapporté au dixième, au centième, au millième, etc., en reculant la virgule respectivement de 1, de 2, de 3, etc., places vers la gauche; et réciproquement, ce nombre deviendra, dix, cent, mille, etc., fois plus grand, en reculant la virgule respectivement de 1, 2, 3, etc., rangs vers la droite.

Exemple. Rendre chacune des unités du nombre 47835, mille fois moindre?

On pourra imaginer que ce nombre ait une virgule à la droite de son dernier chiffre, alors en déplaçant cette virgule de trois rangs vers la gauche, on aura pour la réduction de ce nombre à son millième, 47,835.

Remarque. Soit le nombre 0,BCDE ;
il est clair que l'unité de B est 10^{-1}, celle de C, 10^{-2}, etc., en sorte que l'on a :

$$0,BCDE = B.10^{-1} + C.10^{-2} + D.10^{-3} + E.10^{-4} ;$$

mais comme on a

$$10^{-1} = 10^{3-4} = \frac{10^3}{10^4} = 10^3.10^{-4}$$

$$10^{-2} = 10^{2-4} = \frac{10^2}{10^4} = 10^2.10^{-4}$$

$$10^{-3} = 10^{1-4} = \frac{10^1}{10^4} = 10^1.10^{-4} ,$$

il est clair, que nous pourrons rapporter les chiffres B,C,D,E, à la même unité 10^{-4}, c'est-à-dire à la plus petite, en écrivant

$$B.10^{-1} + C.10^{-2} + D.10^{-3} + E.10^{-4} = (B.10^3 + C.10^2 + D.10^1 + E).10^{-4}$$

$$= (B000 + C00 + D0 + E).10^{-4} = BCDE.10^{-4}.$$

Donc, en général,

si 10^{-n} est la plus petite unité du nombre $0,BCD\ldots MN$, savoir celle du dernier chiffre N, on aura évidemment

$$0,BCD\ldots MN = BCD\ldots MN.10^{-n}.$$

Exemple. Si le nombre $0,453$ est rapporté aux unités décimales, il est clair que le chiffre 4 aura pour unité un dixième ; le chiffre 5 vaudra des centièmes ; le chiffre 3, des millièmes ; par conséquent tous ensemble vaudront 453 millièmes.

De là on déduit facilement les règles suivantes pour lire et écrire un nombre décimal, rapporté à des unités inférieures à l'unité fondamentale. En effet, si nous nommons *fractions décimales*, de tels nombres, on pourra dire :

  1re *Règle*. Pour lire une fraction décimale, il faut lire le nombre comme si la virgule n'existait pas, et lui donner la dénomination de sa plus petite unité.

Exemple. Pour lire le nombre $0,0046$ dont la plus petite unité est celle du chiffre 6, ou un dix-millième, je dirai 46, comme si la virgule n'y était pas, et je donnerai à 46 un dix-millième pour unité commune ; ce qui me donnera

    46 dix-millièmes.

  2e *Règle*. Pour écrire une fraction décimale, écrivez le nombre comme s'il était rapporté à l'unité 1, puis placez la virgule de telle sorte que son dernier chiffre à droite se trouve à la place qui convient à l'unité commune à laquelle le nombre proposé est rapporté.

Exemple. Écrire cent quarante-six dix-millièmes ?

J'écrirai d'abord 146 ;

puis je placerai la virgule de telle sorte, que le chiffre 6 soit à la quatrième place après la virgule, qui est celle des dix-millièmes ; et j'aurai

    $0,0146.$

Remarque 1. Désignons par i, un nombre infiniment grand ; tout nombre qui aura pour unité 10^i sera un nombre infiniment grand.

Les nombres infiniment grands sont tous inférieurs à une limite nommée *l'infini*, et que l'on désigne par le signe ∞ ; mais ils en approchent tous plus ou moins : il est impossible de les rapporter à une unité finie. Parmi ces nombres il y en a un tellement près de la limite ∞, que si on lui donnait un accroissement quelconque il deviendrait égal à l'infini. Désignons ce nombre par 10^i, il est clair que $\dfrac{1}{10^i} = 10^{-i}$, sera une unité tellement petite, que si on la rendait plus petite encore de n'importe quelle valeur, on passerait à la limite des nombres infiniment petits, c'est-à-dire à zéro.

Il suit de là qu'un nombre qui aurait pour unité commune 10^{-i}, serait incommensurable par cette unité, et devrait s'exprimer par un nombre infini de chiffres.

On appelle, en général, *nombres irrationnels*, ceux qui ont pour unité 10^{-i}. Une fraction décimale, composée d'une infinité de chiffres, se nomme une fraction décimale irrationnelle ; son unité commune 10^{-i} est une unité décimale infiniment petite.

Comme les nombres irrationnels se composent d'une infinité de chiffres, on ne pourrait pas s'en servir dans les calculs, si l'on devait les employer dans leur valeur réelle. Lorsqu'on opère sur de tels nombres on se contente du nombre fini qui en approche plus ou moins, et dans lequel entrent quelques-uns seulement des chiffres de ce nombre. La valeur de l'unité du dernier chiffre conservé, indique alors le degré de l'approximation, et l'on dit que le nombre dont on se sert est à $\dfrac{1}{10^p} = 10^{-p}$ près, si l'unité du dernier chiffre conservé est 10^{-p}.

Supposons, par exemple, que l'unité commune du nombre ABCDEFG.... soit infiniment petite, ou 10^{-i}, on pourra écrire

$$(ABCDEFG....) \, 10^{-i} = ABCD \times 10^{-4} + (EFG...) \, 10^{-i}.$$

Or, si nous négligeons $(EFG...)10^{-i}$, on aura, pour la valeur approchée du nombre proposé, $ABCD \times 10^{-4}$.

Mais puisqu'on a, en général,

$$10^n = (10 - 1).[10^{n-1} + 10^{n-2} + ... + 10^0] + 1,$$

en prenant une partie marquée par 10^{2n}, on aura

$$\frac{10^n}{10^{2n}} = (10 - 1).\left[\frac{10^{n-1}}{10^{2n}} + \frac{10^{n-2}}{10^{2n}} + ... + \frac{10^0}{10^{2n}}\right] + \frac{1}{10^{2n}},$$

ou, $10^{-n} = (10 - 1).[10^{-n-1} + 10^{-n-2} + ... + 10^{-2n}] + 10^{-2n}.$

Par conséquent, si nous négligeons le dernier terme 10^{-2n}, on aura évidemment

$$10^{-n} > (10 - 1)[10^{-n-1} + 10^{-n-2} + ... + 10^{-2n}].$$

Il suit de là, que

$$10^{-2n} > (10 - 1)[10^{-2n-1} + 10^{-2n-2} + ... + 10^{-4n}] ;$$
$$10^{-4n} > (10 - 1)[10^{-4n-1} + 10^{-4n-2} + ... + 10^{-8n}]$$
$$\text{etc.}$$
$$10^{-pn} > (10 - 1)[10^{-pn-1} + 10^{-pn-2} + ... + 10^{-2pn}] ;$$

on a donc, à plus forte raison,

$$10^{-n} > (10 - 1)[10^{-n-1} + 10^{-n-2} + ... + 10^{-2pn}]$$

or faisons $2pn = i$;

on aura évidemment

$$10^{-n} > (10 - 1)[10^{-n-1} + 10^{-n-2} + ... + 10^{-i}].$$

Comme $10 - 1$ est le plus grand des chiffres du système dont la base a pour valeur un nombre quelconque, marqué par 10, en désignant ce nombre par M, on aura

$$10^{-n} > M[10^{-n-1} + 10^{-n-2} + ... + 10^{-i}],$$

ou

$$10^{-n} > (MMM...).10^{-i}.$$

Mais, comme les chiffres du nombre (EFG ...) 10^{-i} sont, en général, plus petits que M, ou tout au plus égaux à M, il est clair qu'on pourra poser
$$10^{-n} > (EFG ...) 10^{-i}.$$

Il suit de là, que le nombre irrationnel (ABCDEFG ...) 10^{-i} est compris entre
$$ABCD.10^{-4} \text{ et } ABCD.10^{-4} + 10^{-4};$$
d'où il suit encore, que le nombre $ABCD.10^{-4}$ est une valeur approchée de (ABCDEFG ...) 10^{-i}, à moins d'une unité près, marquée par 10^{-4}.

Si, dans le système décimal, on néglige successivement tous les chiffres d'une fraction irrationnelle qui suivent le 1er, le 2e, le 3e, etc., on aura respectivement des valeurs à moins de un dixième, de un centième, de un millième, etc., près.

Remarque 2. Comme la limite des grands nombres est ∞, et celle des petits 0, on pourra représenter un nombre quelconque, par
$$\text{moy. } (\infty, 0),$$
expression qui signifie une moyenne quelconque entre les limites extrêmes 0 et ∞.

Cependant il existe un moyen plus rationnel pour représenter tous les nombres. En effet, si 10^i représente la plus grande unité possible, et 10^{-i} la plus petite, en désignant par a_0, a_1, a_2, etc., les chiffres du système dont la base a la valeur quelconque 10, il est clair qu'un nombre quelconque, exprimé dans ce système, aura la forme
$$a_n.10^i + a_p.10^{i-1} + a_q.10^{i-2} + ... + a_r.10^0 + a_v.10^{-1} + a_u.10^{-2} + ... + a_x.10^{-i}.$$

Or, si nous désignons par a_m, l'un quelconque des chiffres du système, et par 10^n, collectivement toutes les unités successives depuis la plus grande 10^i, jusqu'à la plus petite 10^{-i}, on aura pour la représentation d'un nombre quelconque dans le système quelconque 10,
$$(+) a_m.10^n.$$

Le signe $(+)$ indique la somme de tous les termes qu'on obtient en faisant successivement
$$n = i, i-1, i-2, \text{ etc.}, 0, -1, -2, \text{ etc.}, -i.$$

Remarque 3. Il nous reste à faire voir la liaison qui existe entre tous les nombres et les unités. Pour cela, soient deux unités consécutives quelconques 10^n et 10^{n+1}, il est clair que les nombres compris entre 10^n et 10^{n+1}, pourront être égalés à 10 ayant pour exposant un certain nombre compris entre n et $n+1$. Soit donc p cet exposant, et N un nombre compris entre ces deux unités, on aura pour la relation demandée
$$N = 10^p.$$

Ce nombre p, dont nous apprendrons à calculer plus tard la valeur, se nomme le logarithme de N, et s'écrit $p = \text{Log. N}$:
d'où,
$$N = 10^{\text{Log. N}}.$$

La valeur du nombre 10, est nommée la base des logarithmes; et comme cette valeur est quelconque, il est clair qu'un même nombre peut avoir une infinité de logarithmes. Lorsque la base des logarithmes est celle du système de numération décimale, on les appelle *logarithmes vulgaires*. On a formé des registres partagés en deux colonnes dont la première renferme les nombres entiers, et dont l'autre contient les logarithmes correspondants à ces nombres. Ces registres se nomment des *Tables* de logarithmes, et nous apprendrons bientôt à connaître leur usage. Les tables les plus employées sont construites d'après celles que *Brigs* a formées le premier, sur l'invitation de *Neper*, inventeur des logarithmes; elles ont pour base dix. Les Tables de *Callet* sont aussi une collection de logarithmes vulgaires avec sept chiffres décimaux, et se rapportent à tous les nombres entiers depuis 1 jusqu'à 108000.

Les logarithmes vulgaires des nombres, 2, 3, 4, etc., pris dans les Tables de Callet, sont respectivement 0,3010300; 0,4771212; 0,6020599; etc., en sorte que l'on a :

$$2 = 10^{0,3010300}; \quad 3 = 10^{0,4771212}; \quad 4 = 10^{0,6020599}, \text{ etc.}$$

Comme le logarithme d'un nombre compris entre les deux unités consécutives 10^n, 10^{n+1}, est un nombre compris entre n et $n+1$, il est clair que ce logarithme se composera d'une partie entière n, et d'une partie fractionnaire. La partie entière se nomme la *caractéristique* du logarithme; elle indique toujours l'ordre de l'unité la plus élevée du nombre proposé, et est par conséquent égal au nombre de ses chiffres entiers moins *un*. Car un nombre entier, en général, se compose toujours d'un nombre de chiffres égal à celui de ses unités, depuis l'unité fondamentale jusqu'à l'unité la plus élevée.

§ 4. DE LA SOUSTRACTION PROPREMENT DITE.

La soustraction est une opération par laquelle on cherche un nombre unique équivalent à la différence entre 2 nombres rapportés à des unités de même espèce. On peut dire aussi que la soustraction a pour but d'évaluer l'excès d'un nombre sur un autre, ou enfin de trouver l'une des deux parties d'un nombre, connaissant l'autre.

Le résultat de cette opération se nomme *différence, excès*, ou *reste*.

Cependant on donne aussi le nom de différence à la soustraction indiquée. Pour indiquer la soustraction on se sert du signe — (moins).

Nous nommerons *diminuende*, le nombre dont on doit retrancher, et *diminueur*, celui que l'on retranche.

Le procédé général pour obtenir le reste, consiste à décomposer le diminuende en deux parties dont l'une soit égale au diminueur, et de supprimer cette partie.

Les règles pour la soustraction ont pour fondement quelques principes qu'il importe de développer :

1° L'ordre dans lequel on effectue la soustraction n'est plus indifférent. C'est le diminueur qu'on doit toujours retrancher.

2° Les nombres à retrancher doivent être rapportés à des unités de même espèce.

Il suit de là que la soustraction se réduit toujours à des soustractions successives d'un nombre simple d'un autre nombre simple seul, ou accompagné d'une unité de l'espèce immédiatement supérieure.

3° La soustraction d'un nombre simple d'un autre nombre simple seul, ou accompagné de l'unité immédiatement supérieure, se réduit à la soustraction de l'un des chiffres de la numération d'un autre chiffre de cette numération, pris seul, ou accompagné d'une unité immédiatement supérieure. La soustraction entre deux chiffres se réduit à décomposer chacun en une somme d'unités, et à supprimer dans le diminuende les unités du diminueur. Pour éviter cette décomposition on se sert d'une table dont nous indiquerons bientôt l'usage.

4° Si l'on augmente ou si l'on diminue le diminuende d'un certain nombre, sans changer le diminueur, la différence grandira, ou diminuera du même nombre.

En effet, si l'on augmente le diminuende de 4 unités, par exemple, son excès primitif sur le diminueur sera augmenté de 4, c'est-à-dire la nouvelle différence excédera la première de 4.

5° Si l'on augmente ou si l'on diminue le diminueur d'un certain nombre, sans changer le diminuende, la différence diminuera ou augmentera du même nombre.

Car si l'on augmente le diminueur de 4 unités, par exemple, l'excès du diminuende sur le nouveau diminueur sera de 4 unités plus faible; c'est-à-dire la nouvelle différence sera de 4 unités plus petite que la première, et réciproquement.

6° Il suit des principes précédents, que la différence ne variera pas, si l'on augmente ou si l'on diminue le diminuende et le diminueur à la fois du même nombre.

7° Lorsqu'on augmente le diminuende d'un certain nombre, et que l'on diminue le reste du même nombre, la différence ne changera pas.

De même, si l'on diminue le diminuende d'un certain nombre, et que l'on augmente le reste du même nombre, on reproduit la différence primitive.

8° Si l'on augmente ou si l'on diminue le diminueur d'un certain nombre, et que l'on augmente ou que l'on diminue le reste du même nombre, on reproduira la différence primitive.

Remarque. Nous nommerons *polynombres*, des additions ou soustractions indiquées entre plusieurs nombres. Exemple 4 + 5 — 2 — 3 + 6 est un polynombre ; les nombres 4, 5, etc., sur lesquels on doit effectuer les opérations indiquées, en sont les *termes*.

9° Si dans un polynombre on supprime tous les termes, à l'exception d'un seul, en lui laissant son signe, ce terme, considéré dans son état d'isolement, se nommera terme ou nombre *positif*, s'il est précédé du signe *plus*, et *négatif*, s'il est précédé du signe *moins*.

Exemple. Si je supprime les termes 4, et $+5$, dans le polynombre $4+5-2$, le terme restant -2, est un nombre *négatif*.

Si je supprime, au contraire, les termes 4, et -2, le terme restant $+5$, est un nombre *positif*.

Il suit de là que le reste d'une soustraction est positif ou négatif, selon que le diminueur est plus petit ou plus grand que le diminuende.

Exemple 1. Le reste de $12-4$ est positif, car $12=+8+4$. La soustraction consiste donc à supprimer dans le polynombre $8+4$, le terme 4. Or, le terme restant est évidemment positif, car $8+4=4+8$; ôtez 4, il reste $+8$.

Exemple 2. Le reste de $4-12$ est négatif, car on a $-12=-4-8$. Or, la soustraction consiste, dans ce cas, à supprimer dans le polynombre $-4-8$, le terme -4; il reste -8.

Remarque. Les signes $+$ et $-$ désignent, par conséquent, deux choses essentiellement différentes. Dans un polynombre ils indiquent des opérations, ou bien expriment une *fonction*, tandis qu'ils désignent l'état positif ou négatif, c'est-à-dire une *qualité*, lorsqu'ils précèdent un *monombre*, c'est-à-dire un seul nombre. Dans le polynombre $4-2$, le signe $-$ qui précède 2 exprime une soustraction à faire, tandis que dans le monombre -2, il exprime l'état négatif du nombre 2. Lorsque les signes $+$ et $-$ sont employés pour désigner l'état positif ou négatif, nous les plaçons toujours au-dessus des nombres qu'ils doivent qualifier. Ainsi $\overset{-}{2}$ est un nombre négatif, et $\overset{+}{2}$ le même nombre, considéré comme positif.

Conformément à la marche indiquée dans l'Introduction, nous donnerons successivement les règles pour la soustraction simple, et les règles pour la soustraction complexe, ou pour le calcul des différences.

PREMIÈRE SECTION.

DE LA SOUSTRACTION SIMPLE.

Dans cette partie de la soustraction nous considérons successivement les cas suivants :

1er *Cas.* Soustraction entre les nombres simples et les unités.

2° *Cas*. Soustraction entre un nombre composé et un nombre simple, ou une unité.

3° *Cas*. Soustraction entre deux et plusieurs nombres composés.

4° *Cas*. Progressions arithmétiques régressives.

PREMIER CAS.

SOUSTRACTION ENTRE LES NOMBRES SIMPLES ET LES UNITÉS.

Les règles pour le 1er cas se rapportent à plusieurs cas particuliers dont voici l'énumération :

a, soustraction entre deux nombres simples de même espèce ;

b, soustraction entre deux unités de différente espèce ;

c, soustraction entre un nombre simple et une unité de différente espèce ;

d, soustraction entre deux nombres simples de différente espèce.

a. *Soustraction entre deux nombres simples de même espèce.*

Règle. Pour retrancher un nombre simple d'un autre de même espèce, on prendra la différence entre les chiffres, à laquelle on donnera pour unité l'unité commune. Si le diminuende est accompagné d'une unité supérieure, on retranchera le diminueur du diminuende accompagné de son unité, et l'on donnera au reste pour unité l'unité commune.

Exemple 1. Soient a_2, a_1, deux chiffres quelconques d'un système dont la valeur 10 de la base est quelconque; on aura

$$a_2.10^n - a_1.10^n = (a_2 - a_1).10^n.$$

Exemple 2. Retrancher de $10^{n+1} + a_2.10^n = (10^1 + a_2).10^n$, le nombre $a_1.10^n$. On a :

$$(10^1 + a_2).10^n - a_1.10^n = (10^1 + a_2 - a_1).10^n.$$

1re *Remarque.* Comme $a_p.10^n$ s'exprime en écrivant le chiffre a_p, suivi de n zéro, on pourra modifier ainsi qu'il suit l'énoncé de la règle précédente.

Pour retrancher un nombre simple d'un autre de même espèce, retranchez les chiffres, et abaissez à la droite du reste les zéros qui accompagnent l'un de ces nombres.

Exemple. Soit $n = 4$, on aura

$$a_2.10^n = a_2\,0000$$
$$a_1.10^n = a_1\,0000$$
$$a_2.10^n - a_1.10^n = (a_2 - a_1)\,0000.$$

Remarque 2. L'application de la règle du 1er cas exige que l'on sache faire des soustractions entre les chiffres du système de numération que l'on considère. Or, ces soustractions se font en décomposant les chiffres en sommes d'unités, puis en retranchant de l'une de ces sommes autant d'unités qu'il y en a dans l'autre. Pour éviter ces décompositions, on forme une table dans laquelle on réunit toutes les différences. On voit aisément que cette table est la même que celle pour l'addition, car dans la soustraction on a pour but de chercher l'un des deux nombres d'une somme donnée, connaissant l'autre. Nous avons donné cette table pour le système décimal; pour la faire servir à la soustraction, on cherchera le diminueur dans la colonne HH, et le diminuende dans la colonne verticale qui répond au diminueur. La bande horizontale à laquelle répond le diminuende traverse la bande verticale VV à l'endroit où se trouve le reste demandé.

Exemple. Retrancher 8000 de 17000?

On a

$$
\begin{array}{r}
17000 \\
8000 \\
\hline
\text{Reste } 9000.
\end{array}
$$

On dira : 8 de 17, il reste 9; j'abaisse les 3 zéros, et j'aurai 9000. Le reste 9 est donné par la table.

b. *Soustraction entre deux unités de différente espèce.*

> *Règle.* Décomposez l'unité diminuende en 2 parties, dont l'une soit égale à l'unité diminueur; et supprimez cette partie.

Exemple. Retrancher 10^p de 10^n, p étant plus petit que n.

On a :

$$10^n = (10-1).10^{n-1} + (10-1).10^{n-2} + \ldots + (10-1).10^p + (10-1).10^{p-1}$$
$$+ (10-1).10^{p-2} + \ldots + (10-1) + 1$$
$$10^p = (10-1).10^{p-1} + (10-1).10^{p-2} + \ldots + (10-1) + 1;$$

On a donc,

$$10^n = (10-1).10^{n-1} + (10-1).10^{n-2} + \ldots + (10-1).10^p + 10^p.$$

Par conséquent 10^n est décomposé en deux parties, dont la dernière 10^p est égale au diminueur, et l'on a

$$10^n - 10^p = (10-1).10^{n-1} + (10-1).10^{n-2} + \ldots + (10-1).10^p.$$

Comme $10 - 1$ est le plus grand des chiffres de la numération, en le désignant par a_n, on aura

$$10^n - 10^p = a_n.10^{n-1} + a_n.10^{n-2} + \ldots + a_n.10^p = a_n a_n \ldots a_n \text{ suivi de } p \text{ zéro.}$$

De là, la règle suivante :

> Pour retrancher une unité d'une autre, on écrit le plus grand chiffre de la numération autant de fois qu'il est marqué par la

différence entre le nombre de zéros du diminuende et celui du diminueur, puis on ajoute autant de zéros qu'il y en a au diminueur.

Remarque. Dans la numération décimale le plus grand chiffre est 9. Ainsi, pour retrancher une unité décimale d'une autre, écrivez 9 autant de fois qu'il est marqué par le nombre de zéros du diminuende, moins celui du diminueur, et mettez à la droite de ces 9, les zéros du diminueur.

Exemple. De 100000000 retrancher 1000 ?

Comme 8 zéros moins 3 zéros font 5 zéros, j'écrirai 9, 5 fois de suite, et je mettrai à la droite de ces 9 les 3 zéros du diminueur ; j'aurai 99999000.

c. *Soustraction entre un nombre simple et une unité de différente espèce.*

1re *Règle.* Pour retrancher une unité d'un nombre simple rapporté à une unité supérieure, on retranchera le diminueur de l'une des unités du diminuende, et l'on ajoutera le reste au diminuende diminué d'une de ses unités.

Exemple. De $a_m.10^n$ retrancher 10^p ?

On écrira

$$a_m.10^n = (a_m - 1).10^n + 10^n.$$

On a donc,

$$a_m.10^n - 10^p = (a_m - 1).10^n + (10^n - 10^p).$$

Mais

$$10^n - 10^p = (10 - 1).10^{n-1} + (10 - 1).10^{n-2} + \ldots + (10 - 1).10^p +;$$

donc

$$10^n - 10^p = (a_m - 1).10^n + (10 - 1).10^{n-1} + (10 - 1).10^{n-2} + \ldots + (10 - 1).10^p.$$

Comme $a_m - 1$ est le chiffre du nombre simple diminué d'une unité, et que $10 - 1$ est le plus grand chiffre de la numération, on aura la règle suivante :

Pour retrancher une unité d'un nombre simple, il faut diminuer le chiffre de ce nombre d'une unité, écrire à sa droite autant de fois le plus grand chiffre de la numération qu'il est marqué par la différence entre les nombres de zéros du diminuende et du diminueur, puis écrire à la suite les zéros du diminueur.

Exemple. De 80000000 retrancher 100 ?

Dans le système décimal le plus grand chiffre étant 9, on écrira ce chiffre 5 fois, et l'on diminuera le chiffre 8 d'une unité ; on aura 79999900.

2° *Règle.* Pour retrancher un nombre simple d'une unité supérieure, on décomposera le diminuende en deux parties dont l'une soit l'unité immédiatement supérieure à celle du nombre simple, et on retranchera le nombre simple de cette dernière unité. Cette soustraction se fait comme il a été dit au commencement du 1er cas.

Exemple. Retrancher de 10^m le nombre simple $a_r.10^p$, p étant plus petit que m.

Faisons

$$m = n + p, \text{ on a } 10^m = 10^{n+p} = 10^n.10^p.$$

Donc,

$$10^m - a_r.10^p = 10^n.10^p - a_r.10^p = (10^n - a_r).10^p.$$

Mais on a :

$$10^n = (10-1).10^{n-1} + (10-1).10^{n-2} + \ldots + 10^1$$

d'où

$$10^m - a_r.10^p = [(10-1).10^{n-1} + (10-1).10^{n-2} + \ldots + 10^1 - a_r].10^p.$$

La valeur de $10 - a_r$ est donnée par la table de la soustraction. Le résultat précédent conduit à la règle suivante :

> Pour retrancher un nombre simple d'une unité supérieure, il faut écrire le plus grand chiffre de la numération autant de fois qu'il y a de zéros moins un au diminuende, moins les zéros du diminueur, mettre à la suite la différence entre le chiffre du nombre simple et l'unité immédiatement supérieure, puis écrire à la droite les zéros du diminueur.

Exemple. Retrancher 300 de 1000000 ?

En diminuant d'un les 6 zéros du diminuende, il en reste 5, qui, diminués des 2 zéros du diminueur, se réduisent à 3 ; j'écrirai donc 9, 3 fois. Je retranche 3 de 10, reste 7, que je mets à la droite des trois 9, et je ferai suivre le chiffre 7 des deux zéros du diminueur ; j'aurai 999700.

d. *Soustraction entre deux nombres simples de différente espèce.*

> *Règle.* Pour retrancher un nombre simple d'un autre d'une espèce supérieure, il faut retrancher le diminueur de l'une des unités auxquelles le diminuende est rapporté.

Exemple. De $a_u.10^m$ retrancher $a_r.10^p.$?

On décomposera $a_u.10^m$ en $(a_u-1).10^m + 10^m$, ce qui donne

$$a_u.10^m - a_r.10^p = (a_u-1).10^m + 10^m - a_r.10^p.$$

Mais, en faisant $m = n + p$, on a, par ce qui précède, $10^m - a_r.10^p =$

$$[(10-1).10^{n-1} + (10-1).10^{n-2} + \ldots + 10^1 - a_r]10^p ;$$

par conséquent,

$$a_u.10^m - a_r.10^p = (a_u-1).10^m + [(10-1).10^{n-1} + (10-1).10^{n-2} + \ldots$$
$$+ 10^1 - a_r].10^p.$$

Cette expression de la différence entre deux nombres simples conduit à la règle suivante :

Pour retrancher un nombre simple d'un autre d'une espèce supérieure, il faut diminuer d'une unité le chiffre du diminuende, écrire à la suite autant de fois le plus grand chiffre de la numération qu'il est marqué par le nombre de zéros, moins un, du diminuende moins ceux du diminueur; mettre à la suite la différence entre le chiffre du diminueur et l'unité immédiatement supérieure, puis écrire à la droite les zéros du diminueur.

Exemple. De 8000000000 retrancher 300?

Je diminue 8 de 1, reste 7; à la droite de 7 je mets 8 — 2, ou 6 fois le plus grand chiffre (9) du système décimal; je retranche 3 de 10, reste 7, que je place à la droite des 9; je fais suivre 7 des 2 zéros du diminueur, et j'aurai :

$$7999999700.$$

DEUXIÈME CAS.

Les règles pour le 2° cas se rapportent aux cas particuliers suivants :

a, retrancher une unité d'un nombre composé;

b, retrancher un nombre simple d'un nombre composé;

c, retrancher un nombre composé d'une unité;

d, retrancher un nombre composé d'un nombre simple.

a. *Soustraction d'une unité d'un nombre composé.*

Règle. Pour retrancher une unité d'un nombre composé, on diminuera d'une unité le chiffre du nombre composé qui est rapporté à la même unité que le diminueur.

Exemple. De $a_m.10^m + a_r.10^r + $ etc., retrancher 10^r?

On a :

$$a_m.10^m + a_r.10^r + \ldots \text{etc.} -10^r = a_m.10^m + (a_r-1).10^r + \ldots$$

b. *Soustraction d'un nombre simple d'un nombre composé.*

Règle. Pour retrancher un nombre simple d'un nombre composé, on retranche le chiffre du diminueur du chiffre de même espèce du diminuende. Si ce dernier est trop petit, on y ajoutera une unité de l'espèce immédiatement supérieure, en diminuant le nombre à gauche de cette unité.

Exemple 1. Retrancher de $a_v.10^v + a_m.10^m + a_p.10^p + a_r.10^r + \ldots$, le nombre simple $a_u.10^p$; on suppose $a_u < a_p$? Comme les deux chiffres a_p et a_u sont rapportés à la même unité 10^p, on retranchera ces chiffres et l'on aura, pour la différence demandée,

$$a_v.10^v + a_m.10^m + (a_p - a_u).10^p + a_r.10^r + \ldots$$

Exemple 2. Chercher la différence entre les mêmes nombres, en supposant $a_u > a_p$?

On empruntera une unité sur $a_m.10^m$, et l'on aura $a_u.10^p$ à retrancher de

$$a_v.10^v + (a_m - 1).10^m + 10^m + a_p.10^p + a_r.10^r + \ldots$$

Supposons $m = n + p$; comme alors

$$10^m = [(10-1).10^{n-1} + (10-1).10^{n-2} + \ldots + 10].10^p,$$

on aura pour la différence demandée,

$$a_v.10^v + (a_m - 1).10^m + [(10-1).10^{n-1} + (10-1).10^{n-2} + \ldots + 10 + a_p - a_u].10^p$$
$$+ a_r.10^r + \ldots$$

Ce résultat conduit à la règle suivante :

> Pour retrancher un nombre simple d'un nombre composé, dans le cas où le chiffre du diminueur est plus grand que le chiffre correspondant du diminuende, il faut 1° diminuer le chiffre le plus voisin à gauche d'une unité, et abaisser les autres chiffres à gauche sans les altérer; 2° mettre à la droite du chiffre que l'on a diminué d'une unité, autant de fois le plus grand chiffre de la numération qu'il est marqué par les nombres des chiffres, moins 1, qui suivent celui qu'on a diminué, moins les zéros du diminueur; 3° écrire à la suite la différence entre le chiffre du diminueur et le chiffre correspondant du diminuende, augmenté d'une unité immédiatement supérieure; puis enfin 4° descendre à la droite de cette différence, tous les autres chiffres du diminuende.

Exemple. De 70500000003278 retrancher 8000?

Le chiffre 5, le plus voisin à gauche du chiffre 3, qui correspond au chiffre 8 du diminueur, doit être diminué d'une unité, sans rien changer aux chiffres 0 et 7 qui sont à sa gauche. Comme il y a onze chiffres, y compris les zéros, à la droite de 5, on diminuera 11 de 1, et l'on retranchera du reste 10, le nombre de zéros du diminueur, ou 3; on obtiendra 7 pour le nombre des 9 qu'il faut écrire à la droite de 704, on aura ainsi 7049999999. On retranchera ensuite le chiffre 8, de 13 augmenté d'une unité immédiatement supérieure, c'est-à-dire de 13; il reste 5; à la droite de 5 on écrit tous les autres chiffres du diminuende; ce qui donne, pour la différence demandée, 70499999995278.

Remarque. Voici comment on dispose ordinairement le calcul :

$$
\begin{array}{r}
70500000003278 \\
8000 \\
\hline
70499999995278
\end{array}
$$

On dira :

0 de 8, il reste 8 ; 0 de 7 il. reste 7 ; 0 de 2, il reste 2.

8 de 3, cela ne se peut ; j'emprunte 1, au nombre à gauche, qui vaut dix ; dix et 3 font 13 ; 8 de 13 reste 5 ; je pose 5. J'abaisse autant de 9 qu'il y a de zéros, ainsi que 705, après avoir diminué le chiffre 5 d'une unité.

c. *Soustraction d'un nombre composé d'une unité.*

Règle. Pour retrancher un nombre composé d'une unité, il faut retrancher le dernier chiffre à droite du diminueur de l'unité immédiatement supérieure à celle de ce chiffre, et tous les autres du plus grand nombre de la numération, puis abaisser à la gauche de ce reste, autant de fois ce plus grand chiffre, qu'il est marqué par les zéros du diminuende, moins le nombre de chiffres du diminueur.

Exemple 1. De 10^m, retrancher le nombre composé
$$a_p.10^p + a_q.10^q + a_v.10^v + a_r.10^r?$$
Supposons successivement $m = n + p$, $p = n' + q$, $q = n'' + v$, $v = n''' + r$.
On aura d'abord, par les règles précédentes,
$$10^m - a_p.10^p = [(10-1).10^{n-1} + (10-1).10^{n-2} + \ldots + 10 - a_p].10^p.$$
Faisons le 2ᵉ membre égal à $A.10^p$; on aura

$$A.10^p - a_q.10^q = (A-1).10^p + [(10-1).10^{n'-1} + (10-1).10^{n'-2} + \ldots$$
$$+ 10 - a_q].10^q.$$

Faisons
$$[(10-1).10^{n'-1} + (10-1).10^{n'-2} + \ldots + 10 - a_q].10^q = B.10^q ;$$
on aura :
$$B.10^q - a_v.10^v = (B-1).10^q + [(10-1).10^{n''-1} + (10-1).10^{n''-2} + \ldots + 10 - a_v].10^v.$$

Posons
$$[(10-1).10^{n''-1} + (10-1).10^{n''-2} + \ldots + 10 - a_v].10^v = C.10^v ;$$
on aura :
$$C.10^v - a_r.10^r = (C-1).10^v + [(10-1).10^{n'''-1} + (10-1).10^{n'''-2} + \ldots$$
$$+ 10 - a_r].10^r,$$

soit
$$[(10-1).10^{n'''-1} + (10-1).10^{n'''-2} + \ldots + 10 - a_r].10^r = D.10^r.$$

On a, par résumé,
$$10^m - a_p.10^p = A.10^p$$
$$A.10^p - a_q.10^q = (A-1).10^p + B.10^q$$
$$B.10^q - a_v.10^v = (B-1).10^q + C.10^v$$
$$C.10^v - a_r.10^r = (C-1).10^v + D.10^r.$$

En ajoutant, on trouve
$$10^m - (a_p.10^p + a_q.10^q + a_v.10^v + a_r.10^r) + A.10^p + B.10^q + C.10^v = (A-1).10^p$$
$$+ (B-1).10^q + (C-1).10^v + D.10^r + A.10^p + B.10^q + C.10^v ;$$
ou, en retranchant de part et d'autre la somme commune
$$A.10^p + B.10^q + C.10^v,$$

il vient
$$10^m - (a_p.10^p + a_q.10^q + a_v.10^v + a_r.10^r) = (A-1).10^p + (B-1).10^q + (C-1).10^v$$
$$+ D.10^r ;$$

par conséquent, si pour A, B, C, D, nous mettons leurs valeurs, on aura enfin,
$$10^m - (a_p.10^p + a_q.10^q + a_v.10^v + a_r.10^r) =$$
$$[(10-1).10^{n-1} + (10-1).10^{n-2} + \ldots + (10-1) - a_p].10^p + [(10-1).10^{n'-1}$$
$$+ (10-1).10^{n'-2} + \ldots + (10-1) - a_q].10^q +$$
$$[(10-1).10^{n''-1} + (10-1).10^{n''-2} + \ldots + (10-1) - a_v].10^v + [(10-1).10^{n'''-1}$$
$$+ (10-1).10^{n'''-2} + \ldots + (10) - a_r].10^r.$$

Or cette formule fait voir, comme il est prescrit par la règle, qu'on doit retrancher le dernier chiffre à gauche, ou a_r, de l'unité supérieure 10, et les autres, a_v, a_q, a_p, de 10—1, et que les espaces entre deux chiffres consécutifs doivent être remplis par des chiffres égaux à 10—1, ou au plus grand chiffre de la numération.

Exemple 2. Retrancher 300400200 de 1000000000000 ?

Je retrancherai le dernier chiffre 2 de 10, et tous les autres de 9, puis j'abaisserai à la gauche de ce reste le chiffre 9, autant de fois qu'il est marqué par les 12 chiffres du diminuende, moins les 9 chiffres du diminueur.

Voici l'opération :

$$\begin{array}{r} 1000000000000 \\ 300400200 \\ \hline 999699599800 \end{array}$$

Je dirai :

Zéro de zéro reste zéro; zéro de zéro reste zéro; 2 de 10 reste 8; 0 de 9 reste 9; 0 de 9 reste 9; 4 de 9 reste 5; 0 de 9 reste 9; 0 de 9 reste 9; 3 de 9 reste 6. J'abaisse 12 — 9 ou 3 fois le chiffre 9 à la gauche de 6.

d. *Soustraction d'un nombre composé, d'un nombre simple.*

> *Règle.* Pour retrancher un nombre composé d'un nombre simple, il faut retrancher le dernier chiffre à droite de son unité immédiatement supérieure, et tous les autres du plus grand chiffre de la numération; mettre à la droite du reste autant de zéros qu'il y en a au diminuende, moins les chiffres du diminueur, puis abaisser le dernier chiffre à gauche du diminuende, après en avoir retranché une unité.

Exemple 1. De $a_m.10^m$, retrancher $a_p.10^p + a_q.10^q + a_v.10^v + a_r.10^r$?

On suppose $m = n + p$, $p = n' + q$, $q = n'' + v$, $v = n'' + r$.

On a successivement,
$$a_m.10^m - a_p.10^p = (a_m - 1).10^m + [(10-1).10^{n-1} + (10-1).10^{n-2} + \ldots$$
$$+ 10 - a_p].10^p = (a_m - 1).10^m + A.10^p$$

$$A.10^p - a_q.10^q = (A-1).10^p + [(10-1).10^{n'-1} + (10-1).10^{n'-2} + \ldots$$
$$+ 10 - a_q].10^q = (A-1).10^p + B.10^q$$
$$B.10^q - a_v.10^v = (B-1).10^q + [(10-1).10^{n''-1} + (10-1).10^{n''-2} + \ldots$$
$$+ 10 - a_v].10^v = (B-1).10^q + C.10^v$$
$$C.10^v - a_r.10^r = (C-1).10^v + [(10-1).10^{n'''-1} + (10-1).10^{n'''-2} + \ldots$$
$$+ 10 - a_r].10^r = (C-1).10^v + D.10^r.$$

En ajoutant ces égalités, et en supprimant dans les deux membres la somme commune

$$A.10^p + B.10^q + C.10^v,$$

on aura

$$a_m.10^m - (a_p.10^p + a_q.10^q + a_v.10^v + a_r.10^r) =$$
$$(a_m-1).10^m + (A-1).10^p + (B-1).10^q + (C-1).10^v + D.10^r.$$

En mettant, pour A, B, C, D, leurs valeurs, l'expression précédente deviendra

$$(a_m-1).10^m + [(10-1).10^{n-1} + (10-1).10^{n-2} + \ldots + (10-1) - a_p].10^p$$
$$+ [(10-1).10^{n'-1} + (10-1).10^{n'-2} + \ldots + (10-1) - a_q].10^q$$
$$+ [(10-1).10^{n''-1} + (10-1).10^{n''-2} + \ldots + (10-1) - a_v].10^v$$
$$+ [(10-1).10^{n'''-1} + (10-1).10^{n'''-2} + \ldots + (10) - a_r].10^r.$$

Exemple 2. De 7000000000000 retrancher 3000400200?

Je retrancherai le dernier chiffre 2 de 10, tous les autres de 9, et je diminuerai 7 d'une unité.

$$\begin{array}{r} 7000000000000 \\ 3000400200 \\ \hline 6996999599800 \end{array}$$

Je dirai :

0 de 0 reste 0 ; 0 de 0 reste 0 ; 2 de 10 reste 8 ; 0 de 9 reste 9 ; 0 de 9 reste 9 ; 4 de 9 reste 5 ; 0 de 9 reste 9 ; 0 de 9 reste 9 ; 0 de 9 reste 9 ; 3 de 9 reste 6 ; A la gauche de 6 j'abaisserai autant de fois 9 qu'il est marqué par le nombre 12 des chiffres du diminuende, moins le nombre 10 des chiffres du diminueur ; puis j'abaisserai encore 7, diminué de 1.

TROISIÈME CAS.

SOUSTRACTION ENTRE DEUX ET PLUSIEURS NOMBRES COMPOSÉS.

a. *Soustraction entre deux nombres composés.*

1re *Règle.* Pour retrancher un nombre composé d'un autre, il faut retrancher, par les règles précédentes, du diminuende, successivement chacun des nombres simples dont se compose le diminueur.

Exemple 1. De $a_m.10^m + a_k.10^k + a_h.10^h + a_l.10^l + \ldots$, retrancher $a_p.10^p$
$$+ a_q.10^q + a_v.10^v + a_r.10^r + \ldots ?$$

On suppose

$$m > p > k > q > h > v > l > r \ldots,$$

et

$$m = p + n,\ k = q + n',\ h = v + n'',\ l = r + n''',\ \text{etc.}$$

On a, pour la différence demandée,

$$a_m.10^m - a_p.10^p + a_k.10^k - a_q.10^q + a_h.10^h - a_v.10^v + a_l.10^l - a_r.10^r + \ldots$$

Mais on a :

$$a_m.10^m - a_p.10^p = (a_m - 1).10^m + [(10-1).10^{n-1} + (10-1).10^{n-2} + \ldots$$
$$+ 10 - a_p].10^p$$

$$a_k.10^k - a_q.10^q = (a_k - 1).10^k + [(10-1).10^{n'-1} + (10-1).10^{n''-2} + \ldots$$
$$+ 10 - a_q].10^q$$

$$a_h.10^h - a_v.10^v = (a_h - 1).10^h + [(10-1).10^{n''-1} + (10-1).10^{n''-2} + \ldots$$
$$+ 10 - a_v].10^v$$

$$a_l.10^l - a_r.10^r = (a_l - 1).10^l + [(10-1).10^{n'''-1} + (10-1).10^{n'''-2} + \ldots$$
$$+ 10 - a_r].10^r,$$

etc.

En ajoutant, on trouve, pour la différence demandée,

$$(a_m - 1).10^m + [(10-1).10^{n-1} + (10-1).10^{n-2} + \ldots + 10 - a_p].10^p +$$
$$+ (a_k - 1).10^k + [(10-1).10^{n'-1} + (10-1).10^{n'-2} + \ldots + 10 - a_q].10^q +$$
$$\text{etc.}$$

Il suit de là, que si les chiffres du diminuende sont précédés et suivis de zéro, ainsi que les chiffres du diminueur, tandis que ceux-ci correspondent à des zéros du diminuende, il faut retrancher chacun des chiffres du diminueur de l'unité immédiatement supérieure, et remplir les intervalles d'une de ces différences à la suivante, par le plus grand chiffre de la numération, puis abaisser les chiffres du diminuende après les avoir diminués d'une unité.

Exemple. De 800070060000400 retrancher 3000400070030 ?

On écrira ,

$$\begin{array}{r} 800070060000400 \\ 3000400070030 \\ \hline 797069659930370 \end{array}$$

Comme les chiffres du diminueur répondent à des zéros du diminuende, on retranchera chacun de 10, l'on abaissera les chiffres du diminuende, après les avoir diminués d'une unité, et l'on changera en des 9 les zéros qui se trouvent entre chaque chiffre du diminueur et le chiffre le plus prochain à gauche du diminuende.

Remarque. La soustraction se simplifie beaucoup lorsque les chiffres du diminuende et du diminueur se suivent sans qu'il y ait des zéros entre eux,

Exemple 2. A retrancher $a_p.10^m + a_q.10^{m-1} + a_v.10^{m-2} + \ldots + a_r.10^p$,

de $\qquad a_n.10^n + a_m.10^m + a_k.10^{m-1} + a_h.10^{m-3} + \ldots + a_l.10^p$?

Nous supposons les chiffres du diminueur plus grands que les chiffres correspondants du diminuende.

On a :

$$a_n.10^n = a_n.10^n$$
$$a_m.10^m = (a_m-1).10^m + 10^m = (a_m-1).10^m + 10.10^{m-1}$$
$$a_k.10^{m-1} = (a_k-1).10^{m-1} + 10^{m-1} = (a_k-1).10^{m-1} + 10.10^{m-2}$$
$$a_h.10^{m-2} = (a_h-1).10^{m-2} + 10^{m-2} = (a_h-1).10^{m-2} + 10.10^{m-3},$$

etc.   etc.

Donc, en ajoutant

$$a_n.10^n + a_m.10^m + a_k.10^{m-1} + a_h.10^{m-2} + \ldots + a_l.10^p =$$
$$a_n.10^n + (a_m-1).10^m + (10+a_k-1).10^{m-1} + (10+a_h-1).10^{m-2} + \ldots$$
$$+ (10+a_l).10^p,$$

on a, pour la différence demandée,

$$a_n.10^n + (a_m-1-a_p).10^m + (10+a_k-1-a_q).10^{m-1} + (10+a_h-1-a_v).10^{m-2} + \ldots$$
$$+ (10+a_l-a_r).10^p.$$

Cette expression conduit à la règle suivante :

> Pour soustraire un nombre composé d'un autre, on retranchera des chiffres du diminuende respectivement les chiffres de même espèce du diminuenr; mais on aura soin d'augmenter d'une unité immédiatement supérieure les chiffres du diminuende chaque fois qu'ils sont plus petits que les chiffres correspondants du diminueur, et on diminuera en même temps d'une unité le chiffre à gauche de celui que l'on a augmenté.

Comme l'exemple 2, embrasse tous les nombres, il s'ensuit que la règle précédente est générale et convient à tous les cas. Nous allons en donner une application au système décimal.

Exemple 3. De 878321645 retrancher 82786 ?

Voici l'opération :

$$
\begin{array}{r}
878321645 \\
82786 \\
\hline
878238859
\end{array}
$$

On dira :

6 de 5, cela ne se peut; j'emprunte 1 sur le chiffre à gauche, qui vaut 10; 5 et 10 font 15; 6 de 15 il reste 9; 8 de 3, cela ne se peut; j'emprunte 1 sur 6, qui fait 10; 8 de 13 reste 5; 2 de 0, cela ne se peut; j'emprunte 1 sur 2, qui fait 10; 2 de 10 reste 8; 8 de 1, cela ne se peut; j'emprunte 1 sur 3, qui fait 11; 8 de 11 reste 3; j'abaisserai les autres chiffres après avoir diminué 3 d'une unité.

Remarque 1. Si un ou plusieurs zéros se trouvent entre deux chiffres consécutifs du diminuende, on les changera en des 9, toutes les fois que le chiffre qui se trouve à leur droite a été augmenté d'une unité. Mais alors on doit en même temps diminuer d'une unité le chiffre qui se trouve à leur gauche.

Exemple. Retrancher 7452 de 3006001 ?

Voici l'opération :

$$
\begin{array}{r}
3006001 \\
7452 \\
\hline
2998549
\end{array}
$$

On dira : 2 de 11 reste 9 ; 5 de 9 reste 4 ; 4 de 9 reste 5 ; 7 de 15 reste 8 ; j'abaisse 99, et le dernier chiffre, diminué d'une unité.

Remarque 2. On appelle *complément arithmétique* d'un nombre, ce qui reste en retranchant ce nombre de l'unité immédiatement supérieure à sa plus grande unité.

Exemple. La plus grande unité de 487, étant 100, on aura 1000 pour l'unité immédiatement supérieure, et $1000 - 487$ ou 513 pour le complément arithmétique de 487.

En général,

Soit $(+)a_m.10^n$, un nombre quelconque, dont 10^n exprime l'unité la plus élevée, on aura, pour son complément arithmétique,

$$10^{n+1} - (+)a_m 10^n.$$

Soit

$$(+)a_m.10^n = a_m.10^m + a_p.10^{m-1} + a_q.10^{m-2} + \ldots + a_r.10^r$$

on aura, par l'exemple 1 de la page 65,

$$10^{n+1} - (+)a_m.10^n =$$
$$[(10-1) - a_m].10^n + [(10-1) - a_p].10^{n-1} + [(10-1) - a_q].10^{n-2} + \ldots$$
$$+ [10 - a_r].10^r,$$

pour l'expression générale des compléments arithmétiques.

On peut utiliser les compléments arithmétiques pour changer des soustractions en des additions. Pour cela, on suivra la règle que voici :

> Pour retrancher un nombre d'un autre, ajoutez au diminuende le complément du diminueur, et retranchez de la somme une unité immédiatement supérieure à la plus grande unité du diminuenr.

En effet, on a évidemment,

$$(+)a_m.10^n - (+)a_p.10^p = (+)a_m.10^n + 10^{p+1} - (+)a_p.10^p - 10^{p+1} ;$$

mais

$$10^{p+1} - (+)a_p.10^p \text{ est le comp. de } (+)a_p.10^p ;$$

on a donc ,

$$(+)a_m.10^n - (+)a_p.10^p = (+)a_m.10^n + \text{comp.} (+)a_p.10^p - 10^{p+1}.$$

Exemple. Retrancher 473 de 8748?

On a : comp. $473 = 1000 - 473 = 527$; par conséquent la différence demandée $= 8748 + 527 - 1000 = 8275$.

b. *Soustraction entre plusieurs nombres composés.*

> *Règle.* Pour retrancher d'un nombre donné plusieurs autres, on doit retrancher de ce nombre la somme de tous les autres.

Exemple. De 4873 retrancher les nombres 27, 342, et 7 ?
On a :

$$27 + 342 + 7 = 376$$
$$4873 - 376 = 4497.$$

Remarque 1. Ordinairement on change les soustractions successives en additions par le moyen des compléments. Pour cela il faut prendre le complément de chaque diminueur à l'unité immédiatement supérieure à la plus grande unité des diminueurs ; ajouter ces compléments au diminuende, et retrancher de la somme autant de fois l'unité à laquelle on a complété, qu'on a pris de compléments.

Exemple. Retrancher 27, 342, 7 de 4873 ?

Les compléments de 27, 342, et 7 à 1000 sont respectivement 973, 658, 993. On a donc, pour la différence demandée,

$$4873 + 973 + 658 + 993 - 3000 = 4497.$$

Remarque 2. On pourrait demander combien de fois un même nombre peut être retranché d'un nombre donné. Dans ce cas, on devrait retrancher le diminueur successivement du diminuende, du 1er reste, du 2e reste, etc., jusqu'à ce que l'on obtienne un dernier reste, plus petit que le diminueur. Si l'on retranche le dernier reste du diminuende proposé, on obtient un nombre qui sera exactement le diminueur, pris un certain nombre de fois. Pour trouver ce nombre de fois, au lieu de faire des soustractions successives, on se sert d'un procédé abrégé auquel on a donné le nom de division. Nous donnerons plus tard les règles qui conviennent à cette opération.

Remarque 3. Lorsqu'on a des sommes et des différences indiquées entre plusieurs nombres, il est indifférent dans quel ordre on exécute les opérations ; car on peut, sans changer la valeur d'un polynombre, intervertir l'ordre de succession de ses termes, pourvu que l'on maintienne à chacun son signe. Cependant il est plus avantageux d'écrire d'abord les termes positifs, puis les nombres qui doivent être retranchés. Car pour *réduire* le polynombre donné, on doit retrancher de la somme des termes positifs, celle des négatifs.

QUATRIÈME CAS.

DES PROGRESSIONS ARITHMÉTIQUES RÉGRESSIVES.

Parmi les soustractions successives les plus importantes à considérer, se trouvent les déterminations des termes des progressions arithmétiques effectuées dans le sens régressif.

En effet, il suit de la formation progressive des progressions, expliquée dans l'addition, qu'un terme quelconque s'obtient, en retranchant du terme de même rang de la progression d'un ordre immédiatement supérieur, celui qui le précède à gauche dans cet ordre. Exemple :

$$2 \quad 8 \quad 19 \quad 38 \quad 72 \quad \text{etc., du 4}^e \text{ ordre}$$
$$6 \quad 11 \quad 19 \quad 34 \quad 60 \quad \text{etc., du 3}^e \text{ ordre.}$$

On voit que le 5ᵉ terme 60 du 3ᵉ ordre est égal à 72, 5ᵉ terme de l'autre progression du 4ᵒ ordre, moins le terme 38 qui le précède. On pourra donc résoudre les questions suivantes avec facilité :

Une progression d'un ordre quelconque étant donnée, en déduire ses progressions inférieures ?

Solution. Retranchez le 1ᵉʳ terme du 2ᵉ, le 2ᵉ du 3ᵉ, etc.; on aura successivement le 1ᵉʳ, le 2ᵉ, etc., terme de la progression immédiatement inférieure, et ainsi de suite.

Exemple. Trouver les progressions inférieures de celle-ci :

$$2, \; 8, \; 19, \; 38, \; 72, \; 132, \; 233, \; \dots ?$$

En retranchant 2 de 8, 8 de 19, etc., on a

$$6, \; 11, \; 19, \; 34, \; 60, \; 101, \; \dots$$

En retranchant 6 de 11, 11 de 19, etc., on a

$$5, \; 8, \; 15, \; 26, \; 41, \; \dots$$

En retranchant 5 de 8, 8 de 15, etc., on a

$$3, \; 7, \; 11, \; 15, \; \dots$$

Enfin, en retranchant 3 de 7, 7 de 11, etc., on obtient la dernière, ou

$$4, \; 4, \; 4, \; \dots$$

2. *Une progression d'un ordre quelconque étant donnée, trouver la raison et les premiers termes des progressions inférieures ?*

Solution. On cherche les progressions inférieures.

3. *Déterminer l'ordre d'une progression donnée ?*

Solution. On cherche les progressions inférieures et on en marque le nombre.

4. *Combien doit-on connaître de 1ᵉʳˢ termes d'une progression, pour en déterminer les 1ᵉʳˢ termes des progressions inférieures et la raison ?*

Solution. Un terme de plus qu'il n'est marqué par l'ordre de la progression. Ainsi, quatre termes pour les progressions du 3ᵉ ordre, cinq pour celles du 4ᵉ, et ainsi de suite.

5. *Trouver un terme quelconque d'une progression donnée, ou sa somme ?*

Solution. On cherche la raison, les 1ᵉʳˢ termes des progressions inférieures, et l'on applique les règles données dans l'addition.

Remarque. On dit qu'une progression est décroissante, lorsque ses termes vont en diminuant. Une progression décroissante continuée au-dessous de zéro, forme une progression symétrique, c'est-à-dire que ses termes sont symétriquement placés par rapport à zéro. Telle est la progression du 1ᵉʳ ordre :

$$\dots \; 4, \; 3, \; 2, \; 1, \; 0, \; -1, \; -2, \; -3, \; -4, \; \dots$$

Ainsi les nombres négatifs considérés comme exprimant des termes de la progression précédente, sont au-dessous de zéro.

Voici au reste une table des progressions décroissantes élémentaires de plusieurs ordres.

Table des progressions décroissantes élémentaires.

,	1,	1,	1,	1,	1,	1,	1,	1,	1,	1,	raison ;
,	5,	4,	3,	2,	1,	0,	$\overline{1}$,	$\overline{3}$,	$\overline{4}$,	$\overline{5}$,	1er ordre,
,	10,	6,	3,	1,	0,	0,	1,	3,	6,	10,	2e ordre,
,	10,	4,	1,	0,	0,	0,	$\overline{1}$,	$\overline{4}$,	$\overline{10}$,		3e ordre,
,	5,	1,	0,	0,	0,	0,	1,	5,			4e ordre,
,	1,	0,	0,	0,	0,	0,	$\overline{1}$,				5e ordre.

—————

DEUXIÈME SECTION.

DE LA SOUSTRACTION COMPLEXE, OU CALCUL DES DIFFÉRENCES.

La numération régressive et la 1re section de la soustraction nous ont fait connaître plusieurs sortes de nombres, qu'il convient de soumettre à leur tour aux opérations dont nous venons de poser les règles. Ces sortes de nombres sont les suivants.

a. Les nombres rapportés à des unités moindres que l'unité fondamentale, prises dans l'échelle de la numération que l'on considère.

Nous nommerons ces nombres des *fractions numérales*, et nous appellerons *fractions décimales* les numérales considérées dans le système dont la base est dix.

b. Les sommes et les différences indiquées, ou les polynombres.

c. Les nombres positifs, nuls, négatifs, et infinis.

d. Les logarithmes.

a. *Calcul des numérales.*

Addition.

Règle. Pour additionner plusieurs fractions numérales, on reculera la virgule d'autant de rangs vers la droite, qu'il est marqué par le plus grand nombre de chiffres après la virgule ; puis, après avoir obtenu la somme, on remettra la virgule à sa place primitive.

En effet, si l'on déplace la virgule de n rangs vers la droite, on rend chacun des nombres à ajouter, et par suite leur somme, n fois plus grand. Mais en remettant la virgule à sa place primitive, on rend la somme obtenue n fois plus petite, et l'on a, par conséquent, la somme qu'il fallait avoir.

Il est clair que ce procédé se réduit à écrire les fractions données les unes au-dessous des autres, de manière que les chiffres rapportés aux unités de la même espèce soient dans le même alignement, et à achever l'addition comme si les nombres donnés étaient entiers.

Exemple. Ajouter les fractions décimales suivantes?

$$4,570 ; \quad 0,819 ; \quad 0,7432.$$

J'écrirai

$$0,7432$$
$$0,8190$$
$$4,5700$$
$$\text{Somme} = 6,1322$$

En commençant par les unités les plus inférieures, on dira : 2 et 0 font 2; 9 et 3 font 12; je pose 2, et retiens 1. 1 de retenu et 7 font 8; 8 et 1 font 9; 9 et 4 font 13 ; je pose 3, et retiens 1. 1 de retenu et 5 font 6; 6 et 8 font 14; 14 et 7 font 21 ; je pose 1, et retiens 2 ; 2 et 4 font 6.

Remarque. Supposons que les fractions irrationnelles totales $(ABCDE...).10^{-i}$, $(A'B'C'D'E'...).10^{-i}$, etc., au nombre de p, soient respectivement comprises entre $(ABCD...).10^{-n}$ et $(ABCD...+1).10^{-n}$; entre $(A'B'C'D'...).10^{-n}$, et $(A'B'C'D'...+1).10^{-n}$, etc. Désignons par $abcde...).10^{-i}$, la somme des fractions totales, et par $(abcd...).10^{-n}$, la somme des fractions approchées. Il est clair que $(abcde...).10^{-i}$, sera compris entre $(abcd...).10^{-n}$, et $(abcd...+p).10^{n}$. Par conséquent la somme des valeurs approchées est elle-même une valeur approchée de la somme intégrale à moins de p fois $\dfrac{1}{10^{n}}$ près. Il suit de là que la somme des valeurs approchées n'a plus le même degré d'approximation que celui qui est commun aux valeurs approchées dont on a formé la somme.

Soustraction.

Règle. Pour retrancher une fraction numérale d'une autre, on avancera la virgule d'autant de rangs vers la droite, qu'il est marqué par le plus grand nombre de chiffres numéraux ; puis, après avoir obtenu la différence, on remettra la virgule à sa place primitive.

Ce procédé se réduit à écrire les nombres l'un au-dessous de l'autre, de manière que les chiffres de même espèce soient dans le même alignement, et à achever l'opération comme dans la soustraction des nombres entiers.

Exemple. De 0,87, retrancher 0,03945?

Comme le 2ᵉ nombre renferme 5 chiffres décimaux, on ajoutera 3 zéros à la droite de l'autre, et l'on écrira :

$$0,87000$$
$$0,03945$$
$$\text{Différence} = 0,83055.$$

On dira : 5 de 10 il reste 5. 4 de 9 il reste 5. 9 de 9 il reste 0. 3 de 6 il reste 3. 0 de 8 il reste 8.

b. *Calcul des polynombres.*

Addition.

  Règle. Pour additionner plusieurs polynombres, on les réunira en un seul, en écrivant le signe $+$ entre ces nombres.

Exemple. Ajouter les polynombres suivants :

$$4 + 12 - 3, \quad 5 + 2 - 6, \quad 9 - 4 - 2.$$

La somme demandée sera

$$4 + 12 - 3 + 5 + 2 - 6 + 9 - 4 - 2.$$

Remarque. Si le 1er terme d'un polynombre a le signe $-$, on en mettra à sa place un autre précédé du signe $+$, ou bien on écrira ce polynombre à la suite des autres sans déplacer ses termes.

Exemple. Ajouter

$$3 + 2 - 4 ; \quad -2 + 3 ; \quad -4 - 2.$$

On aura

$$3 + 2 - 4 - 2 + 3 - 4 - 2.$$

Soustraction.

  Règle. Pour retrancher un polynombre d'un autre, il faut changer les signes des termes du diminueur, et ajouter le résultat au diminuende.

Exemple. De $12 + 8 - 2$, retrancher $7 - 2 + 3$.

Je change les signes du diminueur, et j'aurai $-7 + 2 - 3$, ou $2 - 7 - 3$. J'ajoute le polynombre au précédent, et j'aurai pour la différence demandée, $12 + 8 - 2 + 2 - 7 - 3$.

En effet, si l'on ajoute ce reste au diminueur, on reproduit évidemment le diminuende, attendu que le reste renferme les termes du diminueur avec des signes contraires.

c. *Calcul des nombres positifs, négatifs, nuls et infinis.*

Addition.

On déduit de la génération des nombres positifs, négatifs, etc., les règles suivantes :

1° La somme de plusieurs nombres positifs est positive.

Exemple. $\overset{+}{2} + \overset{+}{3} + \overset{+}{4} = \overset{+}{9}$.

2° La somme de plusieurs nombres négatifs est négative.

Exemple. $\overset{-}{2} + \overset{-}{3} + \overset{-}{4} = \overset{-}{9}$.

3° La somme de plusieurs nombres positifs, ajoutés à plusieurs nombres négatifs, est positive ou négative, selon que la somme des positifs est plus grande ou plus petite que la sommme des négatifs.

En effet, $\overset{+}{3}+\overset{+}{4}+\overset{-}{2}+\overset{-}{7}=3+4-2-7=-2$.

Dans cet exemple la somme des négatifs est plus grande que la somme des positifs.

$$\overset{+}{3}+\overset{+}{4}+\overset{-}{2}+\overset{-}{1}=3+4-2-1=+4.$$

Dans cet exemple, la somme des positifs est plus grande que la somme des négatifs.

Remarque. Un polynombre quelconque peut être considéré comme une somme de termes positifs et négatifs.

Exemple. On a $3+4-2-7=\overset{+}{3}+\overset{+}{4}+\overset{-}{2}+\overset{-}{7}$.

4° En ajoutant zéro à un nombre quelconque, on ne change pas ce nombre.

5° En ajoutant un nombre fini à un nombre infini, on obtiendra toujours un nombre infini. Soit a un nombre quelconque, on aura $\infty + a = \infty$.

Soustraction.

1° Pour retrancher un nombre positif d'un autre, on suivra la règle pour la soustraction ordinaire. le reste sera un nombre positif.

Exemple. Retrancher de $\overset{+}{12}$, le nombre $\overset{+}{3}$.

On aura $\overset{+}{12}-\overset{+}{3}=12-3=\overset{+}{9}$

Car retrancher $\overset{+}{3}$ de $\overset{+}{12}$, c'est décomposer $\overset{+}{12}$ en deux parties dont l'une soit $\overset{+}{3}$, et supprimer cette partie. Or, on a $\overset{+}{12}=\overset{+}{9}+\overset{+}{3}$; en supprimant $\overset{+}{3}$, il reste $\overset{+}{9}$.

2° Pour retrancher un nombre négatif d'un nombre positif, on ajoutera au diminuende, le diminueur pris en signe contraire.

Exemple. $\overset{+}{12}-\overset{-}{3}=\overset{+}{12}+\overset{+}{3}=\overset{+}{15}$

Car retrancher $\overset{-}{3}$ de $\overset{+}{12}$, c'est décomposer $\overset{+}{12}$ en deux parties dont l'une soit $\overset{-}{3}$, et supprimer cette dernière. Or, on a $\overset{+}{12}=\overset{+}{15}+\overset{-}{3}$; en supprimant $\overset{-}{3}$, il reste $\overset{+}{15}$.

Remarque 1. Les principes précédents conduisent à ceux-ci :
Un nombre positif précédé du signe $+$ est un nombre positif.

Exemple : $+\overset{+}{4}=\overset{+}{4}$.

Un nombre négatif précédé du signe $+$ est un nombre négatif.

Exemple : $+\overline{4}=\overline{4}$.

Un nombre positif précédé du signe $-$ est un nombre négatif.

Exemple : $-\overset{+}{4}=\overline{4}$.

— Un nombre négatif précédé du signe $-$, est un nombre positif.

Exemple. $-\overline{4}=\overset{+}{4}$.

Remarque 2. En retranchant zéro d'un nombre, on obtient ce nombre pour reste.

Un nombre fini, retranché d'un nombre infini, donne pour reste un nombre infini, ou $\infty - a = \infty$.

d. *Calcul des Logarithmes.*

Addition.

1re *Règle.* La somme des Logarithmes de deux nombres est égale au Logarithme du nombre qu'on obtient en prenant l'un de ces nombres autant de fois qu'il est marqué par l'autre.

En effet, soient N et N′ deux nombres, on a par définition

$$N = 10^{\text{Log } N}$$
$$N' = 10^{\text{Log } N'}$$
$$N.N' = 10^{\text{Log } N.N'} \quad \dots \quad (1).$$

Mais on a aussi :

$$N.N' = 10^{\text{Log } N}. 10^{\text{Log } N'} = 10^{\text{Log } N + \text{Log } N'} \quad \dots \quad (2).$$

Les égalités (1) et (2) fournissent la suivante :

$$10^{\text{Log } N + \text{Log } N'} = 10^{\text{Log } N.N'} ;$$

d'où l'on tire

$$\text{Log } N + \text{Log } N' = \text{Log } N.N' \quad \dots \quad (3).$$

Remarque. Soit $N = N''.N'''$, on aura $\text{Log } N = \text{Log } N''.N''' = \text{Log } N'' + \text{Log } N'''$. En mettant pour Log N et pour N leurs valeurs dans (3), on trouve,

$$\text{Log } N''' + \text{Log } N'' + \text{Log } N' = \text{Log } N'''.N''.N'.$$

En général

$$\text{Log } N + \text{Log } N' + \text{Log } N'' + \text{Log } N''' + \dots = \text{Log } N.N'.N''.N''' \dots$$

Exemple. Lorsque la base des Log. est *dix*, on trouve dans les tables de Callet,

$$\text{Log } 3 = 0.47712125$$
$$\text{Log } 4 = 0.60205999$$
$$\text{Log } 3.4 = \text{Log } 12 = 1{,}07918125$$

$$0.47712125$$
$$0.60205999$$

$$\text{Somme} = 1.07918124$$

Soustraction.

Règle. La différence entre les logarithmes de deux nombres est égale au logarithme du nombre que l'on obtient, en prenant du nombre auquel se rapporte le logarithme du diminuende, une partie marquée par le nombre auquel se rapporte le logarithme du diminueur.

En effet, soient N, N′ deux nombres, on a par définition .

$$N = 10^{\text{Log } N}$$
$$N' = 10^{\text{Log } N'}$$

$$\frac{N}{N'} = 10^{\text{Log } \frac{N}{N'}} \quad \ldots \quad (1);$$

mais on a aussi,

$$\frac{N}{N'} = \frac{10^{\text{Log } N}}{10^{\text{Log } N'}} = 10^{\text{Log } N - \text{Log } N'} \quad \ldots \quad (2).$$

Les égalités (1) et (2) conduisent à la suivante

$$10^{\text{Log } N - \text{Log } N'} = 10^{\text{Log } \frac{N}{N'}} ;$$

d'où l'on tire ,

$$\text{Log } N - \text{Log } N' = \text{Log } \frac{N}{N'}$$

Exemple.

$$\text{Log } 12 = 1.07918125$$
$$\text{Log } \ \ 4 = 0.60205999$$
$$\text{Log } \frac{12}{4} = \text{Log } 3 = 0.47712125$$

$$
\begin{array}{r}
1.07918125 \\
0.60205999 \\
\hline
\end{array}
$$

$$\text{Différence} = 0.47712126$$

Remarque. Lorsqu'on a plusieurs logarithmes à retrancher d'un autre, on change les logarithmes soustractifs en additif, par le moyen des compléments arithmétiques. Pour cela observons que le Log. de 10^{10} étant 10, il faudrait qu'un nombre renfermât une unité supérieure à celle marquée par 10^{10}, pour que son Log. fût plus grand que 10. Or comme cela arrive rarement, on n'a qu'à prendre les compléments des Log. soustractifs à 10. Le complément d'un nombre à 10, s'obtient en retranchant son dernier chiffre à droite de 10, et tous les autres du plus grand chiffre de la numération. Soit, par exemple, à prendre le compl. à dix, du nombre décimal 0.60205999 : je retrancherai son dernier chiffre 9 de 10, et tous les autres de 9, ce qui me donnera 9.39794001.

Exemple 1. Le polynombre Log N $+$ Log N$'$ $-$ Log N$''$ $-$ Log N$'''$ $-$ Log N^{iv} devient, en y introduisant les compl. à 10,

Log N $+$ Log N$'$ $+$ Compl. Log N$''$ $+$ Compl. Log N$'''$ $+$ Compl. Log N^{iv} $-$ 3.10.

Exemple 2. Réduire par les compléments les calculs indiqués par le polynombre

$$\text{Log } 7 + \text{Log } 12 - \text{Log } 2 - \text{Log } 6 - \text{Log } 4.$$

On écrira d'abord

$$\text{Log } 7 + \text{Log } 12 - \text{Log } 2 - \text{Log } 6 - \text{Log } 4 =$$

Log 7 $+$ Log 12 $+$ Compl. Log 2 $+$ Compl. Log 6 $+$ Compl. Log 4 $-$ 30.

Or on trouve dans les Tables de Callet :

$$
\begin{array}{rcl}
\text{Log} \ \ 7 &=& 0.84509804 \\
\text{Log} \ 12 &=& 1.07918125 \\
\text{Compl. Log} \ \ 2 &=& 9.69897000 \\
\text{Compl. Log} \ \ 6 &=& 9.22184875 \\
\text{Compl. Log} \ \ 4 &=& 9.39794001 \\
\hline
\text{Somme} &=& 30.24303805 \\
&& 30 \\
\hline
0.24303805 &=& \text{Log } 7 + \text{Log } 12 - \text{Log } 2 - \text{Log } 6 - \text{Log } 4.
\end{array}
$$

Vérification.

$$
\begin{array}{rcl}
\text{Log} \ \ 7 &=& 0.84509804 \\
\text{Log} \ 12 &=& 1.07918125 \\
\hline
1^{\text{re}} \text{ Som.} &=& 1.92427929 \\
2^{\text{e}} \text{ Som.} &=& 1.68124124 \\
\hline
\text{Différ.} &=& 0.24303805
\end{array}
\qquad
\begin{array}{rcl}
\text{Log } 2 &=& 0.30103000 \\
\text{Log } 6 &=& 0.77815125 \\
\text{Log } 4 &=& 0.60205999 \\
\hline
2^{\text{e}} \text{ Som.} &=& 1.68124124
\end{array}
$$

Preuves de l'addition et de la soustraction.

Preuve de l'addition.

Règle. Pour faire la preuve de l'addition, il faut la recommencer par les chiffres des unités les plus élevées, en additionnant en sens opposé ; soustraire la valeur de la première colonne à gauche, de la partie qui lui correspond dans la somme totale, et écrire le reste à la gauche du chiffre qui correspond à la 2ᵉ colonne ; cela donnera un nombre dont on retranchera la valeur de cette 2ᵉ colonne ; et ainsi de suite, jusqu'à la dernière colonne à droite, qui ne devra laisser aucun reste.

Exemple. Faire la preuve de l'addition suivante :

$$483279$$
$$623852$$
$$983527$$

Som. $=$ 2090658

Preuve ...   111110

On dira : 4 et 6 font 10, 10 et 9 font 19 ; 19 de 20 il reste 1, que je pose. 8 et 2 font 10, 10 et 8 font 18. Or le reste 1 fait 10 par rapport au chiffre 9 qui répond à la 2ᵉ colonne. On dira donc 18 de 19 il reste 1. 3 et 3 font 6, et 3 font 9 ; 9 de 10 il reste 1. 2 et 8 font 10, 10 et 5 font 15 ; 15 de 16 il reste 1. 7 et 5 font 12, 12 et 2 font 14 ; 14 de 15 il reste 1. 9 et 2 font 11, 11 et 7 font 18 ; 18 de 18 il reste 0.

Ce procédé est facile à comprendre, car en retranchant de 20 la somme des chiffres de la dernière colonne à gauche, le reste 1, indiquera les dizaines de la somme de la 2ᵉ colonne ; mais les unités de cette somme sont 9 ; on a donc 19 pour cette somme. Si donc je retranche de 19 la somme des chiffres 8, 2 et 8 de la 2ᵉ colonne, le reste devra faire les dizaines provenant de l'addition des chiffres de la 3ᵉ colonne. Or comme 0 marque les unités de cette colonne, il est clair que 10 sera la somme des chiffres de cette 3ᵉ colonne augmentée des dizaines provenant de l'addition de la 4ᵉ colonne ; par conséquent pour avoir ces dizaines, on devra retrancher de 10 la somme des chiffres $3+3+3$, de la 3ᵉ colonne. Mais comme les unités de la somme des chiffres de la 4ᵉ colonne sont 5, il est clair que 15 est la somme des chiffres de la 4ᵉ colonne $+$ les dizaines provenant de l'addition des chiffres de la dernière. Par conséquent pour avoir ces dizaines, on doit retrancher $7+5+2$, ou 14 de 15. Le reste 1 donne ces dizaines. Mais comme le chiffre des unités de la somme des nombres de la dernière colonne est 8, il est clair que 18 doit être la valeur de cette dernière somme ; par conséquent en retranchant de 18, $9+2+7$, on doit avoir zéro pour reste.

Preuve de la soustraction.

Règle. Pour faire la preuve de la soustraction, il faut ajouter la différence au diminueur ; la somme devra être égale au diminuende.

Exemple. Faire la preuve de la soustraction suivante :

$$87342$$
$$798$$

Diff. $=$ 86544

Preuve ...   87342

CHAPITRE III.

GÉNÉRATION DES PRODUITS.

—

La multiplication est une opération par laquelle on cherche, d'une manière abrégée, la somme d'un nombre répété autant de fois qu'il est marqué par un autre nombre.

Le nombre qui doit être répété se nomme *multiplicande;* celui qui marque combien de fois il doit être répété est appelé *multiplicateur;* le résultat de l'opération est nommé *produit.* Le multiplicande et le multiplicateur sont appelés les *facteurs* du produit. On se sert aussi du mot produit pour désigner une multiplication à faire entre deux ou plusieurs facteurs.

Pour indiquer la multiplication entre plusieurs facteurs, on remplace les mots *multiplié par,* ou *fois,* par le signe $\times$, ou bien par un *point.*

Établissons quelques principes préliminaires.

1° Les nombres naturels 1, 2, 3, etc., c'est-à-dire tous les nombres, peuvent être considérés comme des produits, ayant pour facteurs l'unité fondamentale et ces nombres eux-mêmes.

Exemple. $4 = 4 \times 1$ ou 1×4;

Car on a

$$4 = 1+1+1+1 = 4 \text{ fois } 1$$

et

$$4 = 4 \qquad\qquad = 1 \text{ fois } 4.$$

Il suit de là qu'on a

$$4 \text{ fois } 1 = 1 \text{ fois } 4 ;$$

et si a désigne un nombre quelconque, on aura généralement

$$a \times 1 = 1 \times a.$$

2° Un produit ne change pas de valeur lorsqu'on intervertit l'ordre de ses facteurs.

Car on a

$$a \times 1 = 1 \times a,$$
$$a \times 1 = 1 \times a;$$

si l'on ajoute, membre à membre, on trouve

$$a \times 1 + a \times 1 = 1 \times a + 1 \times a$$

ou

$$a \times (1+1) = (1+1) \times a$$

ou

$$a \times 2 = 2 \times a.$$

On démontrerait de même, que
$$a \times 3 = 3 \times a$$
etc.,   etc.

Donc en général, $a \times p = p \times a.$

Si l'on fait $p = b \times c,$

on aura aussi $b \times c = c \times b;$

par conséquent $a \times p = a \times b \times c = a \times c \times b,$
$$p \times a = b \times c \times a = c \times b \times a;$$

de plus, comme $a \times b = b \times a,$

on aura aussi, $a \times b \times c = b \times a \times c,$

et $c \times b \times a = c \times a \times b.$

On a donc,
$$a \times b \times c = a \times c \times b = b \times c \times a = c \times b \times a = b \times a \times c = c \times a \times b.$$

En général, soit n le nombre de facteurs d'un produit, les $n!$ permutations de ses facteurs auront toutes la même valeur.

3° Lorsqu'on introduit dans un produit un nouveau facteur, ce produit sera multiplié par ce facteur. Mais on introduit un nouveau facteur dans un produit, lorsqu'on multiplie par ce facteur le multiplicande, ou le multiplicateur. Il suit de là que :

Le produit devient m fois plus grand, si l'on multiplie le multiplicande ou le multiplicateur par m, et réciproquement.

Le produit devient m fois n fois plus grand, si l'on multiplie le multiplicande par m, et le multiplicateur par n.

4° Si l'on répète 2 fois, 3 fois, 4 fois, etc., successivement chacun des nombres naturels 2, 3, 4, etc., on obtient toute la classe des nombres auxquels on a donné le nom de *multiples*. Tels sont les nombres 4, 6, 8, 9, 10, 12, etc.

Mais si l'on compare la classe des nombres multiples, à la suite des nombres naturels, on verra que les nombres naturels renferment outre la classe des nombres multiples, une classe d'autres nombres qu'il est impossible d'engendrer par la multiplication entre des facteurs quelconques différents de l'unité. Les nombres de cette classe sont appelés des *nombres premiers*. On nomme *sous-multiple*, l'un quelconque des facteurs d'un produit.

Nous partagerons les règles pour la multiplication en deux sections. Dans la 1re nous exposerons celles pour la multiplication proprement dite, et dans la 2e nous donnerons les règles pour le calcul des produits. Dans la 1re section nous établirons deux paragraphes; le 1er traitera des règles pour la multiplication des nombres considérés d'une manière absolue, et dans le 2e nous ferons connaître les procédés pour la multiplication des nombres considérés d'une manière relative, c'est-à-dire comme nombres numéraux, polynombres, positifs, négatifs, etc.

PREMIÈRE SECTION.
DE LA MULTIPLICATION PROPREMENT DITE.

§ 1. MULTIPLICATION DES NOMBRES CONSIDÉRÉS D'UNE MANIÈRE ABSOLUE.

Nous examinerons dans ce paragraphe successivement les cas suivants :

1er *Cas.* Multiplication entre les unités.

2e *Cas.* Multiplication entre un nombre simple et une unité.

3e *Cas.* Multiplication entre des nombres simples.

4e *Cas.* Multiplication d'un nombre composé par une unité ou un nombre simple.

5e *Cas.* Multiplication entre nombres composés.

PREMIER CAS.
MULTIPLICATION ENTRE LES UNITÉS.

Règle. Pour multiplier plusieurs unités entre elles, il faut écrire à la droite du chiffre 1 autant de zéros qu'il y en a dans les facteurs.

En effet, nous avons reconnu dans la numération que

$$10^m \text{ fois } 10^p = 10^{m+p}.$$

En général,
$$10^m \times 10^p \times 10^q \times \ldots = 10^{m+p+q}.$$

Faisons
$$m = p = q = \ldots = 1,$$

on a
$$10^1 \times 10 \times 10 \times \ldots = 10^{1+1+1+\cdots}$$

Si l'on fait
$$1+1+1+\ldots = r,$$

on a
$$10^r = 10 \times 10 \times 10 \times \ldots$$

Donc l'unité suivie de r zéros exprime un produit de r facteurs égaux à 10.

Il suit de là que les *exposants* expriment non-seulement le nombre de zéros dont est suivi le chiffre 1, mais marquent aussi le nombre de facteurs égaux à 10.

Exemple 1. $10^3 = 1000 = 10 \times 10 \times 10$.

Exemple 2. $10^3 \times 10^2 = 10^5 = 100000 = 10 \times 10 \times 10 \times 10 \times 10$.

DEUXIÈME CAS.

MULTIPLICATION ENTRE UN NOMBRE SIMPLE ET UNE UNITÉ.

Règle. Pour multiplier un nombre simple par une unité il faut écrire à la suite du nombre simple les zéros de l'unité.

En effet

$$a_n.10^m \times 10^p = a_n.10^{m+p}.$$

Exemple. Multiplier 3000 par 100 ?

On a

$$3000 \times 100 = 3.10^3 \times 10^2 = 10^5 = 300000$$

Il suit de là qu'un nombre simple suivi de plusieurs zéros, est égal au produit du chiffre de ce nombre simple, par le produit d'autant de facteurs égaux à 10 qu'il est marqué par le nombre des zéros : car on a, par exemple,

$$3000 = 3 \times 1000 = 3 \times 10^3 = 3.10 \times 10 \times 10.$$

TROISIÈME CAS.

MULTIPLICATION ENTRE DEUX NOMBRES SIMPLES.

a. *Multiplication entre deux nombres simples rapportés à l'unité fondamentale.*

Règle. Pour multiplier deux nombres simples rapportés à l'unité fondamentale, il faut former la somme d'autant de nombres égaux au multiplicande qu'il est marqué par le multiplicateur.

Exemple. Multiplier 4 par 5 ? Pour cela on écrira

$$4 + 4 + 4 + 4 + 4 = 20.$$

Remarque. En additionnant 2, successivement 1 fois, 2 fois, 3 fois, etc., 9 fois ; de même 3, 1 fois, 2 fois, etc., 9 fois, et ainsi de suite ; on aura les produits différents qu'on peut former avec les 9 chiffres de la numération décimale, en les multipliant deux à deux. La collection de ces produits se nomme la *table de multiplication.* Elle sert à trouver les produits de deux quelconques des 9 premiers chiffres, sans faire les additions indiquées dans la règle précédente ; voici cette table et son usage.

TABLE DE LA MULTIPLICATION.

V								
1	2	3	4	5	6	7	8	9
2	4	6	8	10	12	14	16	18
3	6	9	12	15	18	21	24	27
4	8	12	16	20	24	28	32	36
5	10	15	20	25	30	35	40	45
6	12	18	24	30	36	42	48	54
7	14	21	28	35	42	49	56	63
8	16	24	32	40	48	56	64	72
9	18	27	36	45	54	63	72	81

Pour trouver le produit de 2 des chiffres 1, 2, 3, ... 9, on cherchera l'un des facteurs dans la bande HH, et l'autre dans la colonne VV; le produit demandé sera placé dans le carré suivant lequel se coupent la bande horizontale qui répond au facteur de la colonne VV, et la bande verticale qui répond au facteur de la ligne HH.

Exemple. Le produit de 7×8, se trouvera dans le carré suivant lequel se coupent la bande horizontale 7....63, et la bande verticale 8....72. Ce carré contient 56, ou le produit demandé.

Remarque. Le produit entre deux chiffres quelconques d'une numération quelconque, donne tout au plus un nombre composé de deux chiffres.

En effet, le plus petit des nombres de 3 chiffres est $100 = 10 \times 10$.

Or quelle que soit la valeur de la base 10, le plus grand chiffre de la numération sera $10-1$. Il suit de là que $(10-1) \times (10-1) < 10 \times 10$, doit donner un produit plus petit que 100; or comme 100 est le plus petit nombre de 3 chiffres, il est clair que $(10-1) \times (10-1)$ ne pourra en avoir que deux. Donc, puisque le produit des deux plus grands chiffres de la numération n'a que deux chiffres, à plus forte raison les autres produits binaires entre ces chiffres ne pourront-ils avoir plus de deux chiffres.

En général, un produit de n facteurs pris parmi les chiffres de la numération ne saurait donner un nombre composé de plus de n chiffres.

b. *Multiplication entre deux nombres simples rapportés à des unités quelconques.*

Règle. Pour multiplier deux nombres simples rapportés à des unités quelconques, il faut multiplier entre eux les deux chiffres de ces nombres, et mettre à la droite du produit autant de zéros qu'il y en a dans les deux facteurs.

En effet,

$$a_n.10^m \times a_r.10^p = a_n \times a_r.10^m \times 10^p = a_n \times a_r.10^{m+p}.$$

Exemple. Multiplier 3000 par 700?

On a $\qquad\qquad\qquad 3000 \times 700 = 2100000.$

Car

$$3000 \times 700 = 3.10^3 \times 7.10^2 = 3 \times 7.10^3 \times 10^2 = 21.10^5 = 2100000.$$

Remarque. L'unité du produit de deux nombres simples, est toujours d'un ordre marqué par la somme des rangs des unités des facteurs, ou d'un rang plus élevé.

En effet, supposons que le produit des chiffres $a_v.a_u$, donne lieu à un nombre composé de deux chiffres. On pourra poser

$$a_v.a_u = a_x.10 + a_y\,;$$

or comme on a

$$a_v.10^m \times a_u.10^n = a_v.a_u.10^{m+n},$$

on aura pareillement

$$a_v.10^m \times a_u.10^n = a_x.10^{m+n+1} + a_y.10^{m+n}.$$

D'où l'on voit que l'unité la plus élevée du produit sera égale à la somme $m+n$ des rangs des unités des facteurs, plus 1.

Si le produit $a_v.a_u$ ne donne qu'un seul chiffre, par exemple a_p, on aura pour le produit précédent

$$a_p.10^{m+n}\,;$$

et alors le rang de l'unité du produit sera juste la somme des rangs des unités des facteurs.

En général, si f est le nombre de facteurs de la forme

$$a_m.10^m,\ a_p.10^n,\ a_q.10^r,\ \text{etc.},$$

le degré de l'unité la plus élevée du produit, sera tout au plus

$$m+n+r+\ldots+f-1.$$

QUATRIÈME CAS.

MULTIPLICATION D'UN NOMBRE COMPOSÉ PAR UNE UNITÉ OU UN NOMBRE SIMPLE.

a. *Multiplication d'un nombre composé par une unité.*

Règle. Pour multiplier un nombre composé par une unité, il faut mettre à la droite du multiplicande tous les zéros du multiplicateur.

En effet, pour multiplier par 10^m un nombre composé, il faut multiplier par 10^m chacun de ses nombres simples, et par conséquent reculer chacun des chiffres de ces nombres simples de m rangs vers la gauche. Or on recule les chiffres d'un nombre composé de m rangs vers la gauche, en écrivant m zéros à la droite de ce nombre.

Exemple 1. Multiplier $a_n.10^m + a_r.10^p + a_q.10^u + \ldots$ par 10^n?

On a

$$(a_n.10^m + a_r.10^p + a_q.10^u + \ldots) \times 10^n = a_n.10^{m+n} + a_r.10^{p+n} + a_q.10^{u+n} + \ldots$$

D'où il suit que chacun des chiffres a_n, a_r, a_q, etc., du produit a n zéros de plus à sa droite que dans le multiplicande.

$$m = 3, \; p = 2, \; u = 0, \; n = 4,$$

on a

$$a_n.10^3 + a_r.10^2 + a_q.10^0 = a_n000 + a_r00 + a_q = a_n\,a_r0\,a_q.$$

Donc

$$(a_n.10^3 + a_r.10^2 + a_q.10^0).10^4 = a_n0000000 + a_r000000 + a_q0000 = a_n a_r 0 a_q 0000.$$

Exemple 2. Multiplier 453 par 1000?

On a :

$$453 \times 1000 = 453000.$$

b. *Multiplication d'un nombre composé par un nombre simple.*

> *Règle.* Pour multiplier un nombre composé par un nombre simple, il faut multiplier chacun des nombres simples du multiplicande par le multiplicateur.

En effet, multiplier le nombre composé quelconque $a_m.10^m + a_r.10^p + \ldots$, par 2, c'est faire la somme de $a_m.10^m + a_r.10^r + \ldots$ et de $a_m.10^m + a_r.10^r + \ldots$ Mais cette somme est égale à $2.a_m.10^m + 2.a_r.10^r + \ldots$. De même, en additionnant 3 fois, 4 fois, etc., cette somme, on aura $3.a_m.10^m + 3.a_r.10^r + \ldots$. Donc en général, $a_m.10^m + a_r.10^r + \ldots$, répété p fois, est égal à $p \times a_m.10^m + p \times a_r.10^r + \ldots$ Par conséquent, si p exprime un nombre simple quelconque $a_v.10^n$, on aura :

$$(a_m.10^m + a_r.10^r + \ldots) \times a_v.10^n = a_m \times a_v.10^{m+n} + a_r \times a_v.10^{m+n} + \ldots$$

Or ce résultat conduit à la règle suivante :

> Pour multiplier un nombre composé par un nombre simple, multipliez chacun des chiffres du multiplicande par le chiffre du multiplicateur, et mettez à la droite du produit tous les zéros du multiplicateur.

Exemple. Multiplier 7843 par 6000?

On a

$$7843 \times 6000 = 7000 \times 6000 + 800 \times 6000 + 40 \times 6000 + 3 \times 6000$$
$$= 7.10^3 \times 6.10^3 + 8.10^2 \times 6.10^3 + 4.10^1 \times 6.10^3 + 3 \times 6 \times 10^3 =$$
$$7.6 \times 10^6 + 8.6 \times 10^5 + 4.6 \times 10^4 + 3.6 \times 10^3 = 42.10^6 + 48.10^5 + 24.10^4 + 18.10^3.$$

On

$$
\begin{array}{r}
42000000 \\
4800000 \\
240000 \\
18000 \\
\hline
\text{Prod.} = 47058000
\end{array}
$$

Pour éviter les décompositions précédentes, ainsi que l'addition finale des produits partiels, on multiplie de droite à gauche les chiffres du multiplicande par le chiffre du multiplicateur, en écrivant les unités simples de chaque produit partiel à la place qui lui convient, et en ajoutant les unités supérieures de chaque produit partiel au produit partiel immédiatement suivant.

On disposera donc l'opération précédente ainsi qu'il suit :

$$
\begin{array}{r}
7843 \\
6000 \\
\hline
47058000
\end{array}
$$

On dira, en commençant par la droite : 3 fois 6 font 18 ; je pose 8 et retiens la dizaine pour l'ajouter au produit des dizaines. 6 fois 4 dizaines font 24 dizaines et une de retenue font 25 dizaines ; je pose le chiffre 5 à la place des dizaines, et retiens les 2 centaines, pour les ajouter au produit des centaines. 6 fois 8 centaines font 48 centaines, et 2 centaines de retenu font 50 centaines ; je pose zéro centaines, et retiens 5 mille, pour les ajouter au produit des mille. 6 fois 7 mille font 42 mille, et 5 mille de retenu font 47 mille.

Pour ne pas toujours répéter la dénomination de chaque unité, on opère comme si les unités étaient toutes des unités simples. Par exemple, la multiplication précédente se décrira ainsi qu'il suit. On dira 3 fois 6 font 18 ; je pose 8 et retiens 1. 6 fois 4 font 24, et 1 de retenu font 25 ; je pose 5, et retiens 2. 6 fois 8 font 48, et 2 font 50 ; je pose zéro, et retiens 5. 6 fois 7 font 42, et 5 font 47 ; je pose 47, et j'abaisse à la droite du produit, les 3 zéros du multiplicateur.

Remarque. Il est indifférent, quant à la valeur du produit, dans quel ordre on multiplie les chiffres du multiplicande par le chiffre du multiplicateur, pourvu que l'on donne à ce produit la place ou le nombre de zéros voulu par l'unité auquel il se rapporte. Ainsi, dans l'exemple précédent, on aurait pu commencer la multiplication à droite, en commençant par les mille, pourvu qu'on eût donné au produit 42, de 7 par 6, la place ou le nombre de zéros voulu pour l'unité 1000. On aurait pu aussi commencer la multiplication par le chiffre des centaines, ou des dizaines.

CINQUIÈME CAS.

MULTIPLICATION ENTRE NOMBRES COMPOSÉS.

Règle. Pour multiplier un nombre composé par un nombre composé, il faut multiplier, n'importe dans quel ordre, chacun des nombres simples du multiplicande, successivement par chacun des nombres simples du multiplicateur, et ajouter les produits partiels.

En effet, soit $a_m.10^m + a_r.10^p + \ldots$ un nombre composé quelconque ; nous avons déjà démontré que

$$(a_m.10^m + a_r.10^p + \ldots) \times p = p \times a_m.10^m + p \times a_r.10^p + \ldots$$

par conséquent si p est lui-même un nombre composé tel que
$$p = a_u.10^n + a_v.10^r + \ldots,$$
on aura en substituant,
$$(a_m.10^m + a_r.10^p + \ldots) \times (a_u.10^n + a_v.10^r + \ldots) =$$
$$(a_u.10^n + a_v.10^r + \ldots) \times a_m.10^m + (a_u.10^n + a_v.10^r + \ldots) \times a_r.10^p + \ldots =$$
$$a_u \times a_m.10^{n+m} + a_v.a_m.10^{r+m} + a_u.a_r.10^{n+p} + a_v.a_r.10^{r+p} + \ldots$$

Or ce dernier résultat fait voir, que l'on obtient le produit d'un nombre composé par un autre, en multipliant chaque chiffre du multiplicande successivement par chaque chiffre du multiplicateur, et en donnant, aux produits partiels, la place ou le nombre de zéros voulu par leurs unités.

Exemple. Multiplier 453 par 237 ?

Ce produit sera égal à la somme des trois produits partiels suivants :
$$453 \times 7 + 453 \times 30 + 453 \times 200.$$

Mais on a, par les règles du 4ᵉ cas,

$$
\begin{aligned}
453 \times\ \ \ 7 &=\ \ \ \ 3171 \\
453 \times\ \ 30 &=\ \ 13590 \\
453 \times 200 &=\ \ 90600 \\
\hline
453 \times 237 &= 107361
\end{aligned}
$$

On dispose ordinairement l'opération ainsi qu'il suit :

$$
\begin{aligned}
&\ \ \ \ 453 \\
&\ \ \ \ 237 \\
\hline
&\ \ \ 3171 \\
&\ \ 13590 \\
&\ \ 90600 \\
\hline
\text{Produit} &= 107361
\end{aligned}
$$

Remarque 1. On multiplie ordinairement dans le sens de la droite vers la gauche, pour la raison que nous avons déjà indiquée dans le cas précédent. Cependant on pourrait faire aussi l'opération dans tout autre ordre, pourvu que les produits partiels reçoivent la place ou le nombre de zéros qui convient à leurs unités. Multiplions, par exemple, de gauche à droite 453 par 27.

On aura :

$$
\begin{aligned}
400 \times 20 &=\ 8000 \\
50 \times 20 &=\ 1000 \\
3 \times 20 &=\ \ \ \ 60 \\
400 \times\ \ 7 &=\ 2800 \\
50 \times\ \ 7 &=\ \ \ 350 \\
3 \times\ \ 7 &=\ \ \ \ 21 \\
\hline
\text{Prod.} &= 12231
\end{aligned}
$$

Remarque 2. Si l'on considère les produits comme ayant été effectués dans le sens de la gauche vers la droite, on pourra dire que tout produit se compose du multiplicande par le 1ᵉʳ chiffre à gauche du multiplicateur ; plus le produit du multiplicande par le 2º chiffre à gauche du multiplicateur, et ainsi de suite. Il suit de là que si du produit total on retranche le produit du multiplicande par le 1ᵉʳ chiffre à gauche du multiplicateur, le reste sera le produit du multiplicande par tous les autres chiffres du multiplicateur. Si ensuite, on retranche de ce 1ᵉʳ reste le produit du multiplicande par le 2º chiffre à gauche du multiplicateur, ce nouveau reste sera le produit du multiplicande par tous les chiffres restants du multiplicateur après y avoir supprimé les deux premiers à gauche.

Remarque 3. Le nombre des chiffres d'un nombre composé, est toujours égal au nombre de zéros de l'unité immédiatement supérieure à sa plus haute unité. Soient donc 10^m, 10^n, respectivement les plus hautes unités des deux nombres composés

$$a_m.10^m + a_p.10^p + \dots, \quad a_n.10^n + a_r.10^r + \dots,$$

il est clair que le 1ᵉʳ de ces nombres aura $m+1$ chiffres, et que le 2º en aura $n+1$.

Mais la plus haute unité du produit des deux nombres précédents provient évidemment du produit de $a_m.10^m$ par $a_n.10^n$.

Or la plus haute unité de ce produit est, ou 10^{m+n}, ou 10^{m+n+1}. Par conséquent l'unité immédiatement supérieure à la plus haute unité du produit sera 10^{m+n+2}, ou 10^{m+n+1}. Il suit de là, que le nombre des chiffres du produit est $m+n+2$, ou $m+n+1$; mais $m+1$, et $n+1$, étant respectivement les nombres des chiffres des facteurs, leur somme sera $m+1+n+1$, ou $m+n+2$; et cette même somme, diminuée d'une unité, sera $m+n+1$.

Il suit de là,

Que le nombre des chiffres d'un produit de deux facteurs, est toujours égal à la somme du nombre des chiffres de ces facteurs, ou à cette même somme diminuée d'une unité.

En général, soient $N_1, N_2, N_3, \dots N_n$, respectivement les nombres des chiffres de n facteurs, le nombre des chiffres du produit sera représenté par l'une des sommes suivantes :

$$N_1 + N_2 + N_3 + \dots + N_n$$
$$N_1 + N_2 + N_3 + \dots + N_n - 1$$
$$N_1 + N_2 + N_3 + \dots + N_n - 2$$
$$\cdots\cdots\cdots\cdots\cdots\cdots$$
$$N_1 + N_2 + N_3 + \dots + N_n - (n-1).$$

---

§ 2. MULTIPLICATION DES NOMBRES CONSIDÉRÉS D'UNE MANIÈRE RELATIVE.

Nous examinerons dans ce paragraphe les cas suivants :

1ᵉʳ *Cas.* Multiplication des polynombres ;

2e *Cas.* Multiplication des nombres positifs, négatifs, nuls et infinis;
3e *Cas.* Multiplication par les logarithmes;
4e *Cas.* Multiplication des fractions numérales.

PREMIER CAS.

MULTIPLICATION DES POLYNOMBRES.

Règle. Pour multiplier deux polynombres, il faut multiplier chaque
terme du multiplicande successivement par chaque terme du
multiplicateur, et donner aux produits partiels le signe $+$,
lorsque les deux termes multipliés ont le même signe, et le
signe $-$, lorsque ces termes sont de signes contraires.

En effet, multiplions par exemple, 3 par 5, on aura 3×5, ou 15.

Mais si l'on augmente le multiplicande de 4 unités, c'est-à-dire si l'on multiplie 7 par 5, le produit 7×5, ou 35, sera trop grand de 4 fois 5; par conséquent si de 7×5 on retranche 4×5, le reste $7 \times 5 - 4 \times 5$, ou 15, sera le
produit de $7 - 4$ ou de 3 par 5.

On a donc,
$$(7-4) \times 5 = 7 \times 5 - 4 \times 5.$$

De même, en multipliant 3, c'est-à-dire $7 - 4$, par 8, le produit $7 \times 8 - 4 \times 8$
sera trop grand de 3 fois $7 - 4$; c'est-à-dire de $3 \times 7 - 3 \times 4$. On doit donc
en retrancher ce dernier produit, afin d'avoir le produit de $7 - 4$ par 5, c'est-
à-dire par $8 - 3$. Par conséquent on a
$$(7-4) \times (8-5) = (7 \times 8 - 4 \times 8) - (7 \times 3 - 4 \times 3) =$$
$$7 \times 8 - 4 \times 8 - 7 \times 3 + 4 \times 3 = 56 - 32 - 21 + 12 = 15.$$

Voici comment on dispose et décrit l'opération,
$$
\begin{array}{r}
7 - 4 \\
8 - 3 \\
\hline
56 - 32 - 21 + 12
\end{array}
$$

On dira : 8×7 font 56. *Plus* par *moins* donne *moins*, 4×8 font 32; je pose
-32. *Moins* par *plus* donne *moins*, 3 fois 7 font 21; j'écris -21. *Moins* par
moins donne *plus*, 3 fois 4 font 12; je mets $+12$.

DEUXIÈME CAS.

MULTIPLICATION DES NOMBRES POSITIFS ET NÉGATIFS, NULS ET INFINIS.

D. *Multiplication entre nombres positifs et négatifs.*

1re *Règle.* Pour multiplier deux nombres positifs, ou deux nombres négatifs, il faut faire abstraction des signes, former le
produit des facteurs résultants, et donner le signe $+$ au résultat.

Exemple 1. $\overset{+}{4} \times \overset{+}{3} = \overset{+}{12}$.

Car multiplier $\overset{+}{4}$ par $\overset{+}{3}$, c'est prendre $\overset{+}{4}$, 3 fois; ou $\overset{+}{3}$, 4 fois; dans l'un et l'autre cas, la somme sera positive et aura pour valeur 3×4, ou 12.

Exemple 2. $\overset{-}{4} \times \overset{-}{3} = \overset{+}{12}$.

En effet, multiplier $\overset{-}{4}$ par $\overset{-}{3}$, c'est retrancher -4, 3 fois de suite; c'est-à-dire, c'est écrire

$$- (-4) - (-4) - (-4).$$

Mais pour retrancher un nombre négatif, on change son signe; on a donc,

$$- (-4) - (-4) - (-4) = + 4 + 4 + 4 = + 12.$$

Remarque 1re. Un produit est toujours positif lorsqu'il renferme un nombre *pair* de facteurs négatifs. On appelle nombres pairs tous ceux qui ont 2 pour facteurs. $2 \times n$, ou $2.n$ exprime par conséquent un nombre pair quelconque.

Remarque 2. Si n est un nombre pair, $(-1)^n$ sera égal à $+1$; et si n est impair, $(-1)^n$ sera égal à -1.

De plus, comme on a

$$- a = -1 \times a, - b = -1 \times b, \text{ etc.,}$$

il s'ensuit qu'un produit de n facteurs négatifs de la forme

$$- a \times - b \times - c \ldots,$$

peut être représenté par

$$(-1)^n \times a \times b \times c \times \ldots$$

2° *Règle.* Pour multiplier un nombre positif par un nombre négatif, ou réciproquement, il faut faire abstraction des signes, et donner au résultat le signe $-$.

Exemple 1. $\overset{-}{4} \times \overset{+}{3} = \overset{-}{12}$.

En effet, multiplier -4 par $\overset{+}{3}$, c'est prendre -4, trois fois; c'est-à-dire, c'est écrire

$$\overset{-}{4} + \overset{-}{4} + \overset{-}{4} = \overset{-}{12}.$$

Exemple 2. $\overset{+}{3} \times \overset{-}{4} = \overset{-}{12}$.

En effet, multiplier $\overset{+}{3}$ par $\overset{-}{4}$, c'est retrancher $\overset{+}{3}$, 4 fois; c'est-à-dire, c'est écrire

$$- \overset{+}{3} - \overset{+}{3} - \overset{+}{3} = \overset{-}{3} + \overset{-}{3} + \overset{-}{3} = \overset{-}{12}.$$

Remarque. Un produit est toujours négatif, lorsqu'il renferme un nombre impair de facteurs négatifs. On appelle nombres impairs tous ceux qui n'ont pas 2 pour facteur.

Si n est un nombre entier quelconque, l'expression $2n \pm 1$, exprimera tous les nombres impairs.

E. *Multiplication des nombres nuls et infinis.*

Un produit quelconque est nul, lorsque l'un de ses facteurs est égal à zéro.

Remarque. Réciproquement, si un produit est nul, l'un quelconque de ses facteurs est égal à zéro.

En multipliant un nombre fini ou infini, par un nombre infini, le produit lui-même sera infini.

TROISIÈME CAS.

MULTIPLICATION PAR LES LOGARITHMES.

Règle. Pour trouver le produit de plusieurs nombres par les logarithmes, il faut 1° chercher dans les tables les logarithmes des facteurs, et en prendre la somme ; 2° chercher cette somme dans la colonne des logarithmes des tables, et l'on trouvera à sa gauche, dans la colonne des nombres de ces tables, le produit demandé.

En effet, nous savons que $\mathrm{Log\,N} + \mathrm{Log\,N'} + \mathrm{Log\,N''} + \ldots = \mathrm{Log\,N} \times \mathrm{N'} \times \mathrm{N''} \ldots$ (Voy. la fin du Chap. II.)

Donc réciproquement :

Le logarithme d'un produit est égal à la somme des logarithmes des facteurs.

Cette propriété fera donc connaître, par une simple addition, le logarithme du produit demandé : mais lorsqu'on connaît les logarithmes d'un nombre, les tables feront connaître ce nombre.

Exemple. On demande de former le produit de $2 \times 3 \times 4 \times 5$, en se servant des tables de logarithmes.

Or on trouve dans les tables de Callet,

$$\mathrm{Log\,2} = 0.30103000$$
$$\mathrm{Log\,3} = 0.47712125$$
$$\mathrm{Log\,4} = 0.60205999$$
$$\mathrm{Log\,5} = 0.69897000$$
$$\mathrm{Som.} = 2.07918124 = \mathrm{Log\,2} \times 3 \times 4 \times 5.$$

Le produit 120, se trouvera dans la colonne des nombres des tables à gauche du logarithme 2.07918124.

QUATRIÈME CAS.

MULTIPLICATION DES NUMÉRALES.

Dans la multiplication des fractions numérales on a pour but : 1° de trouver le produit total de fractions rationnelles ; 2° de trouver un produit approché à moins d'une unité fractionnaire près, des fractions numérales rationnelles ;

enfin 3° de trouver le degré d'approximation d'un produit dont les facteurs sont des fractions, données par des valeurs approchées. Nous allons exposer successivement les règles pour chacun de ces cas.

a. *Détermination du produit total de fractions numérales exactes.*

> *Règle.* Pour multiplier deux fractions numérales exactes, il faut reculer la virgule dans chaque facteur d'autant de rangs vers la droite qu'il y a de chiffres numéraux après la virgule, puis après avoir obtenu le produit par les règles précédentes, on en sépare autant de chiffres numéraux qu'il y en a dans le multiplicande et dans le multiplicateur ensemble.

En effet, si le multiplicande renferme n chiffres numéraux, en déplaçant la virgule de n rangs vers la droite, on multiplie ce facteur, et par conséquent le produit demandé par 10^n.

Si le multiplicateur contient m chiffres après la virgule, en reculant celle-ci de m rangs vers la droite, on multiplie ce facteur, et par conséquent le produit demandé par 10^m. Il suit de là, qu'en déplaçant la virgule de n rangs au multiplicande, et de m rangs au multiplicateur, le produit qu'on obtient après ce déplacement simultané, sera 10^n fois 10^m fois trop grand ; par conséquent, pour obtenir le vrai produit, on devra prendre du produit obtenu, une partie marquée par $10^n \times 10^m$, ou par 10^{n+m}, ce qui revient à reculer la virgule de $n+m$ rangs vers la gauche.

Remarque. Lorsque le système de numération est celui qui a pour base *dix*, la règle précédente doit s'énoncer ainsi :

> *Règle.* Pour multiplier deux fractions décimales, on mettra la virgule, dans l'un et l'autre facteur, après le dernier chiffre à droite, et l'on prendra, au moyen des règles précédentes, le produit des deux nombres entiers, dans lesquels on a changé les facteurs par le déplacement des virgules. Après quoi, on séparera de ce produit, en reculant la virgule vers la gauche, autant de chiffres décimaux qu'il y en a dans les deux facteurs primitifs.

Exemple. Multiplier 4,305 par 0,0234 ?

Je reculerai la virgule de 3 rangs vers la droite dans le multiplicande, et de 4 rangs dans le multiplicateur, puis je formerai le produit des deux nombres entiers, 4305 et 234 ; on trouvera $4305 \times 234 = 1007370$. On séparera de ce produit $3+4$, ou 7 chiffres décimaux, ce qui donnera :

$$4,305 \times 0,0234 = 0,1007370.$$

Remarque. Pour multiplier l'unité numérale

$$10^{-n} \text{ par } 10^{-m},$$

je dois, conformément à la règle énoncée, rendre le 1ᵉʳ facteur 10^n fois, et

le 2e 10^m fois plus grands, puis prendre une partie du produit marqué par
$10^n \times 10^m$, ou 10^{n+m}.

Or,
$$10^n \text{ fois } 10^{-n} = 1, \ 10^m \text{ fois } 10^{-m} = 1 ;$$
on a donc,
$$10^{-n} \times 10^{-m} = \frac{1 \times 1}{10^{n+m}} = \frac{1}{10^{n+m}} = 10^{-n-m}.$$

On démontrerait de même que
$$10^m \times 10^{-n} = 10^{m-n}.$$

D'où il suit que la règle des exposants, pour la multiplication des unités, est vraie, quel que soit le signe des exposants.

b. Détermination du produit approché de deux fractions numérales, à moins d'une unité fractionnaire près, par un procédé abrégé.

Règle. Pour multiplier deux fractions numérales de manière que le produit soit, à une unité près, marqué par 10^{-p}, on multipliera les nombres simples du multiplicande, à partir de celui qui a pour unité 10^{-p-1}, par ceux des nombres simples du multiplicateur, dont le produit ne renfermera pas d'unités inférieures à 10^{-p-1}, puis après avoir obtenu la somme des produits partiels, on supprimera le chiffre qui est rapporté à l'unité la plus inférieure à 10^{-p-1}; alors le dernier des chiffres restants aura pour unité 10^{-p}, et sera par conséquent le produit demandé.

Exemple. On demande le produit de
$$a_m.10^{-1} + a_n.10^{-2} + a_p.10^{-3} + a_r.10^{-4} + a_s.10^{-5} + a_u.10^{-6}$$
par
$$a.10^0 + b.10^{-1} + c.10^{-2} + d.10^{-3},$$
à moins d'une partie près, marqué par 10^{-3}.

Comme $10^1.10^{-4} = 10^{-4+1} = 10^{-3}$, je multiplierai les deux nombres précédents de manière que la plus petite unité de chaque produit partiel ne soit pas au-dessous de 10^{-4}.

Pour cela, je multiplierai $a_s.10^{-5}$ par $a.10^0$, puisque le produit de a_s par a pouvant donner des unités d'un rang supérieur, il est clair que $a_s.10^{-5}$ par $a.10^0$, pourra donner des unités du rang 10^{-4}; si cela est, je retiendrai ces unités pour les ajouter au produit suivant de $a_r.10^{-4}$ par $a.10^0$, qui sera de l'ordre 10^{-4}. Comme les produits des nombres qui précèdent $a_s.10^{-5}$, par $a.10^0$, donnent tous des unités qui ne sont pas inférieures à 10^{-4}, il est clair que le premier produit partiel s'obtiendra en multipliant $(a_m.10^{-1} + a_n.10^{-2} + a_p.10^{-3} + a_r.10^{-4})$ par $a.10^0$, et en ajoutant au résultat les unités de l'ordre 10^{-4}, qui pourraient provenir de la multiplication de $a_s.10^{-5}$ par $a.10^0$.

Pour obtenir le 2e produit partiel, je multiplierai le terme $a_r.10^{-4}$ par $b.10^{-1}$, et je retiendrai, s'il y a lieu, l'unité de l'ordre 10^{-4}, fournie par ce produit, pour l'ajouter aux produits subséquents. Je remarquerai ensuite, que tous les termes qui précèdent $a_r.10^{-4}$, multipliés par $b.10^{-1}$, donneront des produits dont l'unité la plus inférieure ne descend pas au-dessous de 10^{-4}. J'aurai donc, pour le 2e produit partiel, la valeur

$$(a_m.10^{-1} + a_n.10^{-2} + a_p.10^{-3}) \times b.10^{-1},$$

plus les unités du rang 10^{-4}, provenant du produit de $a_r.10^{-4} \times b.10^{-1}$.

On trouvera de même, que le 3e produit partiel se composera de $(a_m.10^{-1} + a_n.10^{-2}) \times c.10^{-2}$, *plus* des unités provenant de $c.10^{-2} \times a_p.10^{-3}$. Enfin le dernier produit partiel est formé de $a_m.10^{-1} \times d.10^{-3}$, *plus* les unités de l'ordre 10^{-4}, obtenues par le produit $a_m.10^{-2} \times d.10^{-3}$.

Ainsi l'on a, par résumé,

1er Produit partiel . . $(a_m.10^{-1} + a_n.10^{-2} + a_p.10^{-3} + a_r.10^{-4}) \times a.10^{0} +$ unités dues au produit $a_s.10^{-5} a.10^{0}$.

2e Produit partiel . . $(a_m.10^{-1} + a_n.10^{-2} + a_p.10^{-3}) \times b.10^{-1} +$ unités dues au produit $a_r.10^{-4} \times b.10^{-1}$.

3e Produit partiel . . $(a_m.10^{-1} + a_n.10^{-2}) \times c.10^{-2} +$ unités dues au produit $a_p.10^{-3} \times c.10^{-2}$.

4e Produit partiel . . $(a_m.10^{-1}) \times d.10^{-3} +$ unités dues au produit $a_n.10^{-2} \times d.10^{-3}$.

On supprimera, dans la somme de ces produits partiels, le terme qui a pour unité 10^{-4}, alors on aura un produit à moins de 10^{-3} près.

Remarque 1. Comme on a

$$a_m.10^{-1} + a_n.10^{-2} + a_p.10^{-3} + a_r.10^{-4} + a_s.10^{-5} + a_u.10^{-6} = 0,a_m a_n a_p a_r a_s a_u$$
$$a.10^{0} + b.10^{-1} + c.10^{-2} + d.10^{-4} = a,b\,c\,d,$$

il est clair que l'opération précédente peut s'exécuter ainsi :

Multipliez $0,a_m a_n a_p a_r$ par a, en commençant par a_r, et ajoutez au produit les unités provenant de $a_s \times a$;

Multipliez $0,a_m a_n a_p$ par b, en commençant à droite, et en ajoutant au produit les unités provenant de $b \times a_r$; puis écrivez le 2e produit partiel au-dessous du 1er, de manière que les unités de même espèce soient alignées.

Multipliez ensuite $0,a_m a_n$ par c, en commençant par a_n, et ajoutez au produit les unités dues au produit $a_p \times c$; écrivez le résultat au-dessus des deux autres produits partiels, de manière que les unités de même espèce se correspondent.

Enfin multipliez a_m par d, etc.

Observons que l'opération précédente peut se faire encore avec plus de promptitude, si l'on place les chiffres du multiplicateur au-dessous de ceux du multiplicande, dans un ordre renversé et de manière que les chiffres dont le produit doit donner l'unité la plus inférieure à conserver se correspondent.

J'écrirai par conséquent les facteurs de l'exemple précédent, ainsi qu'il suit :

$$a_m\ a_n\ a_p\ a_r\ a_s\ a_v$$
$$d\quad c\quad b\quad a\,.$$

Dans ce cas, on commence la multiplication par le chiffre le plus à droite a du multiplicateur, qu'on multiplie par son correspondant a_r, ainsi que par tous ceux qui se trouvent à gauche de a_r, en ajoutant toutefois au produit les unités provenant de $a_s \times a$.

On multipliera ensuite le 2ᵉ chiffre b par son correspondant a_p, et ceux qui sont à sa gauche, en ayant soin d'ajouter au produit les unités dues à $b \times a_r$.

Enfin, on multipliera c par a_n et a_m, en ajoutant les unités dues au produit $c \times a_p$; puis on formera le dernier produit $d \times a_m$, augmenté des unités provenues de $d \times a_n$.

Dans tous ces produits partiels par a, b, etc., l'unité la plus inférieure sera 10^{-4}; par conséquent tous les chiffres rapportés à cette unité seront dans le même alignement. Et comme le produit total devra avoir pour sa plus basse unité 10^{-4}, il est clair qu'on devra en séparer par une virgule quatre chiffres numéraux, et en rejeter le dernier, puisqu'on n'en veut conserver que celui qui a pour unité 10^{-3}.

Remarque 2. Pour appliquer ce procédé aux fractions décimales, on devra énoncer la règle générale, ainsi qu'il suit.

> *Règle.* Pour avoir le produit de deux fractions décimales à moins d'une unité d'un certain ordre près, écrivez au-dessous du multiplicande les chiffres du multiplicateur dans un ordre inverse, et de manière que les chiffres de l'un et de l'autre facteur qui se correspondent, donnent toujours un produit, rapporté à une unité d'un ordre inférieur à celle qui indique le degré d'approximation demandé; après quoi on multipliera, en allant de la droite vers la gauche, les chiffres du multiplicande successivement par les chiffres du multiplicateur, en commençant chaque produit partiel par les deux chiffres qui se correspondent, et en y ajoutant les unités provenant du produit du chiffre du multiplicateur par le chiffre du multiplicande, qui se trouve à la droite de celui qui correspond au chiffre du multiplicateur. Après avoir obtenu le produit total, on en séparera autant de chiffres décimaux qu'il est marqué par le degré d'approximation plus un, et on supprimera le dernier.

Exemple. Trouver par la méthode abrégée, à moins de 0,001 près, le produit de 4,50327893 par 53,2583279 ?

On voit que l'unité la plus inférieure des chiffres à calculer, est de 0,0001, ou 10^{-4}. Mais l'unité la plus élevée du multiplicateur est 10^1; or, comme

13

$10^1 \times 10^{-5} = 10^{-4}$, il est clair, qu'il faudra écrire le multiplicateur au-dessous du multiplicande, de manière que le chiffre 5 des plus hautes unités du multiplicateur soit placé au-dessous du cinquième chiffre décimal 7 du multiplicande. On écrira donc,

$$
\begin{array}{r}
450327893 \\
97\,2385235 \\
\hline
2251639 \\
135098 \\
9006 \\
2251 \\
360 \\
13 \\
\hline
2398367 \\
\end{array}
$$

Le 1er produit partiel . . . $= 450327 \times 5 +$ unités dues au produit 5×8

$ = 2251639 \quad$ dix-millièmes.

2° produit partiel . . . $= 45032 \times 3 +$ unités dues au produit 3×7

$ = 135098 \quad$ dix-millièmes.

3e produit partiel . . . $= 4503 \times 2 +$ unités dues à 2×2

$ = 9006$

4e produit partiel . . . $= 450 \times 5 +$ unités dues à 5×3

$ = 2251 \quad$ dix-millièmes.

5e produit partiel . . . $= 45 \times 8 +$ unités dues à 8×0

$ = 360 \quad$ dix-millièmes.

6e produit partiel . . . $= 4 \times 3 +$ unités dues à 3×5

$ = 13 \quad$ dix-millièmes.

Produit total $= 2398367 \quad$ dix-millièmes.

$ = 239.8367$

Produit demandé $= 239.836$

c. *Détermination du produit approché, provenant de facteurs numéraux donnés par leurs valeurs approchées.*

Soient A et B deux nombres entiers, ayant respectivement m et n chiffres, on aura

$$A = (A-1) + 1$$
$$B = (B-1) + 1.$$

Si l'on multiplie ces égalités membre à membre, on aura, par la règle pour la multiplication des polynombres,

$$A \times B = (A-1) \times (B-1) + (A-1) + (B-1) + 1.$$

Par conséquent, si, au lieu de multiplier A et B, on multipliait leurs valeurs approchées A—1, B—1, le produit $(A-1) \times (B-1)$ serait fautif de la somme $(A—1)+B—1+1$. Or, si l'on suppose $m > n$, il est clair que cette somme se composera d'autant de chiffres qu'il y en a dans $A—1$, ou dans A, c'est-à-dire de m chiffres. Par conséquent, dans ce cas, les m derniers chiffres du produit $(A—1)\times(B—1)$ seraient fautifs. D'où il suit qu'après avoir déterminé à partir de quel rang d'unités les chiffres de ce produit commencent à devenir fautifs, on pourra faire la multiplication par la méthode du numéro précédent, qui dispense de calculer les chiffres que l'on devra supprimer comme fautifs.

Ces considérations conduisent à la règle suivante.

> *Règle.* Pour trouver d'une manière abrégée, la partie non fautive du produit de deux fractions numérales A' et B', dont chacune est fautive en plus ou en moins d'une unité près de leur dernier chiffre à droite, il faut 1° supprimer la virgule, et déterminer combien le produit des nombres entiers résultants aura de chiffres fautifs. Ce nombre est toujours égal à celui des chiffres du facteur qui en a le plus; supposons que m soit ce nombre. Il faut, 2° déterminer le nombre de chiffres numéraux du produit des fractions A' et B'; ce nombre est égal, comme on sait, à la somme des chiffres placés à la droite de la virgule dans A' et B' : soient p et q respectivement ces nombres; on aura $p+q$ pour la somme des chiffres numéraux du produit $A'\times B'$. Or, comme les m derniers de ces chiffres sont fautifs, il est clair que le produit ne pourra contenir que $p+q—m$ chiffres exacts; il faut donc, 3° multiplier A' et B' par la méthode abrégée du n° précédent, en ne conservant que les unités dont le rang est marqué par $p+q—m$.

Appliquons cette règle aux fractions décimales.

On demande de trouver par la méthode du n° précédent, la partie non fautive du produit de 4,3562 *par* 7,823; *la* 1re *de ces fractions est à moins de* 0,0001, *et la* 2e *à moins de* 0,001 *près?*

Si l'on supprime les virgules, on verra que le produit 43562×7823, aura ses cinq derniers chiffres fautifs. Mais le produit de 4,3562 par 7,823, aura sept chiffres décimaux, et comme les cinq derniers en sont fautifs, il est clair que les deux premiers seuls pourront être exacts. Ainsi je prendrai à moins de 1 centième près, par la méthode abrégée, le produit des nombres proposés. Voici le calcul : .

$$
\begin{array}{r}
43562 \\
3287 \\
\hline
24934 \\
3484 \\
87 \\
12 \\
\hline
28517 \\
\end{array}
$$

Remarque. Si l'un des facteurs était exact, le nombre des chiffres fautifs serait égal à celui du nombre exact; ce qui résulte évidemment du produit de A = A par B = (B—1)+1, dans lequel on a, pour l'erreur commise, le nombre A.

DEUXIÈME SECTION.

CALCUL DES PRODUITS.

Dans cette section nous entendons plus particulièrement par *produits*, des multiplications indiquées. Établissons plus nettement le point de vue sous lequel nous considérons, dans cette section, les produits indiqués.

Si 10 représente la base d'un système de numération, on aura pour une unité quelconque de ce système 10^m, et pour un nombre quelconque N, rapporté à cette unité $N.10^m$. Or, si a représente la valeur de la base 10, exprimée par une somme d'unités fondamentales, on aura $N.10^m = N.a^m$. Nous donnerons à la classe de nombres N, rapportés à l'unité quelconque a, exprimée en somme d'unités fondamentales, le nom de *nombres relatifs*.

Si nous faisons a successivement égal à 2, 3, 4, etc., qui sont, en général, les valeurs exprimées en sommes d'unités fondamentales d'une base quelconque 10, nous aurons tous les nombres relatifs $N.2^m$, $N.3^m$, $N.4^m$, etc., qui ne sont, en réalité, que des produits indiqués.

La multiplication sert à réduire les nombres relatifs en nombres ordinaires, mesurés par les diverses unités d'un système de numération convenu.

Nous nommerons *coefficient* le nombre N, rapporté à cette nouvelle classe d'unités. Il convient donc d'exposer les règles pour la numération, l'addition, la soustraction et la multiplication des nombres relatifs.

§ 1. NUMÉRATION DES NOMBRES RELATIFS.

a, *Formation des unités relatives.*

Comme on a

$$10^m.10^p = 10^{m+p}; \frac{10^m}{10^p} = 10^{m-p}; 10^{-p} = \frac{1}{10^p}; 10^0 = 1,$$

il est clair que si l'on remplace la base 10, par sa valeur numérique a, on aura particiellement,

$$a^m.a^p = a^{m+p}; \frac{a^m}{a^p} = a^{m-p}; a^{-p} = \frac{1}{a^p}; a^0 = 1.$$

De même, puisqu'on a trouvé,
$$10^m = (10-1).10^{m-1} + (10-1).10^{m-2} + \ldots + (10-1).10^0 + 1,$$
on aura aussi :
$$a^m = (a-1).a^{m-1} + (a-1).a^{m-2} + \ldots + (a-1).a^0 + 1.$$

b. *Formation des nombres relatifs simples.*

Si A_n désigne, en général, un nombre plus petit que a, on aura, pour un nombre simple quelconque
$$A_n.a^m.$$
Le plus grand des nombres simples d'une même espèce est donc généralement représenté par
$$(a-1).a^m,$$
et le passage des nombres simples relatifs aux unités supérieures, sera indiqué par
$$a^{m+1} = (a-1).a^m + a^m.$$

c. *Formation des nombres relatifs composés.*

Si l'on remplace 10 par sa valeur numérique a, et par i un nombre voisin de l'infini, enfin par A_n, A_m, A_p, etc., des nombres plus petits que a, la valeur d'un nombre composé quelconque, pour le système 10, deviendra celle d'un nombre composé relatif quelconque, savoir :
$$A_n.a^i + A_m.a^{i-1} + \ldots + A_p.a^2 + A_r.a^1 + A_q.a^0 + A_u.a^{-1} + \ldots + A_v.a^{-i},$$
auquel on donne le nom de *série*, et que l'on pourra abréviativement représenter par
$$(+)A_k.a^n.$$
Si dans l'expression $N = 10^{\mathrm{Log}\,N}$, on remplace 10 par sa valeur numérique a, on aura, pour exprimer un nombre quelconque en unités relatives, $N = a^{\mathrm{Log}\,N}$.

§ 2. ADDITION DES NOMBRES RELATIFS.

a. *Addition des nombres relatifs simples ou de la forme* $N.a^m$.

1ro *Règle.* Pour additionner plusieurs nombres simples différents d'unité, il faut indiquer l'opération.

Exemple. Ajouter les nombres simples suivants :
$$N.a^m, \quad N_1'.b^n, \quad N_2.c^p? \text{ et}$$

On a :

$$\text{Somme} = N.a^m + N_1.b^n + N_2.c^p + \ldots$$

2ᵉ *Règle*. Pour additionner plusieurs nombres relatifs simples, rapportés à la même unité, il faut ajouter les coefficients, et donner à la somme pour unité, l'unité commune.

Exemple. Ajouter $N.a^m$, $N_1.a^m$, $N_2.a^m$, ... $N_n.a^m$?

On a :

$$N.a^m + N_1.a^m + N_2.a^m + \ldots + N_n.a^m = (N + N_1 + N_2 + \ldots + N_n).a^m.$$

Remarque 1. Comme on a,

$$a^m = (a-1).a^{m-1} + (a-1).a^{m-2} + \ldots + (a-1).a^0 + 1,$$

il est clair que si l'on considère a^{m-1}, a^{m-2}, etc., comme les coefficients de l'unité relative $a-1$, on aura,

$$a^m = (a-1)[a^{m-1} + a^{m-2} + \ldots + a^0] + 1 ;$$

d'où l'on tire,

$$\frac{a^m - 1}{a - 1} = a^{m-1} + a^{m-2} + \ldots + a^0 = a^0 + a^1 + a^2 + \ldots a^{m-2} + a^{m-1}.$$

Il suit de là que la somme des unités de tous les ordres inférieurs à l'ordre a^m s'obtient en retranchant de a^m, l'unité fondamentale $a^0 = 1$, et en prenant une partie du reste marqué par le plus grand nombre inférieur à l'unité relative a.

Remarque 2. On appelle *progression géométrique* une suite d'unités relatives, prise depuis l'unité fondamentale jusqu'à un ordre quelconque.

Comme une unité d'un rang quelconque est égale à celle qui la précède multipliée par la base, c'est-à-dire par l'unité du 1ᵉʳ rang, il est clair qu'un terme quelconque d'une progression géométrique est égal à celui qui le précède, multiplié par la base, que l'on nomme *raison*.

L'unité du 1ᵉʳ ordre étant a^1, celle du 2ᵉ a^2, etc., et en général a^p celle du p^e ordre, il est clair que le p^e terme de la progression géométrique

$$a^0, a^1, a^2, \ldots$$

dont la raison est a, et a^0 ou 1, le premier terme, sera représentée par a^{p-1}.

Si l'on multiplie par A tous les termes de la progression précédente, il est clair que le p^e terme de la progression

$$A.a^0, A.a^1, A.a^2, \ldots$$

sera représenté par

$$x = A.a^{p-1}.$$

D'où il suit :

Qu'un terme quelconque d'une progression géométrique qui commence par A, *et dont la raison est* a, *s'obtient en multipliant son 1ᵉʳ terme* A, *par* a^{p-1}, *p désignant le rang du terme.*

Exemple. Trouver le 6ᵉ terme d'une progression géométrique qui commence par 4 et dont la raison est 7 ?

On aura pour ce terme 4×7^5,

ou $4 \times 7 \times 7 \times 7 \times 7 \times 7 = 67228 ;$

et pour tous les termes de cette progression, successivement

$$
\begin{aligned}
4 &= 4 \\
4.7 &= 28 \\
4.7^2 &= 196 \\
4.7^3 &= 1372 \\
4.7^4 &= 9604 \\
4.7^5 &= 67228.
\end{aligned}
$$

Remarque 3. Comme on a :

$$
a^0 + a^1 + a^2 + \ldots + a^{p-1} = \frac{a^p - 1}{a - 1} = \frac{a.a^{p-1} - 1}{a - 1},
$$

il est clair que l'on aura aussi :

$$
A.a^0 + A.a^1 + A.a^2 + \ldots + A.a^{p-1} = \frac{A.a^{p-1}.a - A}{a - 1}.
$$

Mais $A.a^{p-1}$ étant la valeur du dernier terme de la progression, il est clair que la somme des termes d'une progression géométrique est égale au produit de son dernier terme par la raison, moins son premier terme, réduit à une partie marquée par la raison diminuée d'une unité.

Exemple. Trouver la somme des six 1res termes d'une progression qui commence par 4 et dont la raison est 7 ?

On a trouvé, pour le 6° terme, 67228 ; on a donc pour la somme demandée,

$$
\frac{67228 \times 7 - 4}{7 - 1} = \text{à la 6° partie de } 470592.
$$

Remarque 4. Nous avons vu (pag. 51) que l'on avait toujours, quelle que soit la base 10,

$$
10^{n-1} + p.10^{n-2} + p^2.10^{n-3} + \ldots + p^{n-1} = \frac{10^n - p^n}{10 - p}.
$$

Par conséquent, en remplaçant 10 par sa valeur numérique a, on aura pareillement

$$
a^{n-1} + p.a^{n-2} + p^2.a^{n-3} + \ldots + p^{n-1} = \frac{a^n - p^n}{a - p}.
$$

b. *Addition des nombres relatifs composés*

1re *Règle.* Lorsque les unités diffèrent d'un nombre au suivant, indiquez l'opération.

Exemple. Ajouter les nombres relatifs composés suivants :

$$
(+) A_n.a^m, \quad (+) A_r.b^n, \quad (+) A_u.c^r, \quad \text{etc. ?}
$$

On aura

$$
(+) A_n.a^m + (+) A_r.b^n + (+) A_u.c^r + \text{ etc.}
$$

2° *Règle.* Lorsque les unités ne diffèrent pas d'un nombre composé au suivant, ajoutez les coefficients des unités égales et de même ordre.

Exemple. Ajouter

$$(+).\mathrm{A}_m.a^m = \ldots +\mathrm{A}_r.a^p +\mathrm{A}_v.a^q + \ldots$$
$$(+).\mathrm{A}_n.a^m = \ldots +\mathrm{A}'_r.a^p +\mathrm{A}'_v.a^q + \ldots$$
$$(+).\mathrm{A}_p.a^m = \ldots +\mathrm{A}''_r.a^p +\mathrm{A}''_v.a^q + \ldots$$
$$. \quad . \quad . \quad = \quad . \quad . \quad . \quad . \quad . \quad . \quad ?$$

On aura

$$[(+)\mathrm{A}_m +(+)\mathrm{A}_n +(+)\mathrm{A}_p + \ldots].a^m = \ldots +(\mathrm{A}_r+\mathrm{A}'_r+\mathrm{A}''_r+ \ldots).a^p +$$
$$(\mathrm{A}_v +\mathrm{A}'_v + \mathrm{A}''_v \ldots).a^q + \text{etc.}$$

———

§ 3. SOUSTRACTION DES NOMBRES RELATIFS.

a. *Soustraction des nombres relatifs simples.*

Règle. Pour retrancher un nombre relatif simple d'un autre, on
indiquera l'opération, si les unités diffèrent, et l'on retranchera les coefficients, si les unités sont les mêmes.

Exemple 1. Retrancher $\mathrm{N}_1.a^m$ de $\mathrm{N}_2.b^m$?

On a :

$$\mathrm{N}_2.b^m - \mathrm{N}_1.a^m.$$

Exemple 2. Retrancher $\mathrm{N}_1.a^m$ de $\mathrm{N}_2.a^m$?

On a :

$$\mathrm{N}_2.a^m - \mathrm{N}_1.a^m = (\mathrm{N}_2 - \mathrm{N}_1).a^m.$$

b. *Soustraction des nombres relatifs composés.*

Règle. Si les unités diffèrent, indiquez l'opération ; si les unités
ont pour base des lettres égales, retranchez les coefficients des
unités de même espèce. -

Exemple 1. Retrancher $(+)\mathrm{A}_m.a^m$ de $(+)\mathrm{A}_n.b^m$?

On a :

$$(+)\mathrm{A}_n.b^m - (+)\mathrm{A}_m.a^m.$$

Exemple 2. Retrancher

$$(+)\mathrm{A}_m.a^m = \ldots +\mathrm{A}_r.a^p +\mathrm{A}_v.a^q + \ldots$$

de

$$(+)\mathrm{A}'_m.a^m = \ldots +\mathrm{A}'_r.a^p +\mathrm{A}'_v.a^q + \ldots ?$$

On a :

$$(+)\mathrm{A}'_m.a^m - (+)\mathrm{A}_m.a^m = \ldots (\mathrm{A}'_r - \mathrm{A}_r).a^p + (\mathrm{A}'_v - \mathrm{A}_v).a^q. + \ldots$$

———

4. MULTIPLICATION DES NOMBRES RELATIFS.

a. *Multiplication des nombres relatifs simples.*

1re *Règle.* Si les unités sont désignées par des lettres différentes, on indique l'opération.

Exemple. Multiplier $A_m.a^m$ par $A_n.b^n$, par $A_p.c^p$, etc. ?

On a : $\quad A_m.a^m \times A_n.b^n \times A_p.c^p \times \ldots = A_m.A_n.A_p.a^m.b^n.c^p \ldots$

2e *Règle.* Si les unités sont désignées par la même lettre, on multiplie les coefficients et l'on ajoute les exposants.

Exemple 1. Multiplier $A_m.a^m$ par $A_n.a^n$, par $A_p.a^p$, ... par $A_r.a^r$?

On a : $A_m.a^m \times A_n.a^n \times A_p.a^p \times \ldots \times A_r.a^r = A_m.A_n.A_p.A_r.a^{m+n+p+\ldots+r}$.

Remarque 1. Si $m = n = p = \ldots = r = o$, le produit précédent devient
$$A_m.A_n.A_p \ldots A_r.$$

Ces expressions se nomment des *produits continus.*

Si les facteurs d'un produit continu forment une progression arithmétique du 1er ordre, il reçoit le nom de *factorielle.* Nous exposerons bientôt les propriétés les plus ordinaires de cette classe de produits.

Exemple 2. Multiplier $A_m.a^m.b^n.c^p$ par $A_r.a^v.b^u.c^t$?

On a :

$$A_m a^m.b^n.c^p \times A_r a^v.b^u.c^t = A_m.A_r a^m.a^v.b^n.b^u.c^p.c^t = A_m A_r a^{m+v} b^{n+u} c^{p+t}.$$

Remarque 1. Pour abréger l'écriture des produits indiqués, on omet presque toujours le point qui sert à indiquer la multiplication.

Remarque 2. La règle précédente est vraie, quels que soient les signes des exposants. Car on a :

$$1^o \quad a^m \times a^{-n} = a^m \times \frac{1}{a^n} = \frac{a^m}{a^n} = a^{m-n};$$

$$2^o \quad a^{-n} \times a^m = \frac{1}{a^n} \times a^m = \frac{a^m}{a^n} = a^{m-n} = a^{-n+m};$$

$$3^o \quad a^{-m} \times a^{-n} = \frac{1}{a^m \times a^n} = \frac{1}{a^{m+n}} = a^{-m-n}.$$

Remarque 2. Comme on a :

$$10^{-n} \times 10^{-m} = 10^{-n-m};$$
$$10^m \times 10^{-n} = 10^{m-n};$$
$$10^{-m} \times 10^n = 10^{-m+n},$$

en mettant pour 10 sa valeur numérique a, on trouvera

$$A_m.10^{-n} \times A_n.10^{-m} = A_m.A_n.10^{-m-n};$$
$$A_m.10^n \times A_n.10^{-m} = A_m.A_n.10^{n-m};$$
$$A_m.10^{-n} \times A_n.10^m = A_m.A_n.10^{-n+m}.$$

D'où il suit que la règle énoncée est vraie, quel que soit le signe des exposants.

14

b. *Multiplication des nombres relatifs composés.*

Règle. Pour multiplier deux nombres relatifs composés, il faut multiplier chaque terme du multiplicande successivement par chaque terme du multiplicateur.

Exemple. Multiplier $(+) A_m.a^m = \ldots + A_n.a^n + A_p.a^p + \ldots$ par $(+)A'_m.a^m = \ldots + A'_n.a^q + A'_p.a^r + \ldots$?

On a :

$$(+)A_m.a^m \times (+)A'_m.a^m = (\ldots + A_n.a^n + A_p.a^p + \ldots)(A'_n.a^q + A'_p.a^r + \ldots)$$
$$= (\ldots + A_n.a^m + A_p.a^p + \ldots) \times A'_n.a^q + (\ldots + A_n.a^n + A_p.a^p + \ldots) \times A'_p.a^r + \ldots$$
$$= \ldots + A_n.A'_m.a^{m+q} + A_p.A'_n.a^{p+q} + \ldots + A_n.A'_p.a^{n+r} + A_p.A'_p.a^{p+r} + \ldots$$

Remarque 1. Si l'on pose les quantités

$$A_1 A_2 A_3 \ldots A_n, \; B_1 B_2 B_3 \ldots B_p, \; C_1 C_2 C_3 \ldots C_n, \; D_1 D_2 D_3 \ldots D_u, \text{ etc.}$$

En en prenant les combinaisons binaires entre les lettres A et B, les combinaisons ternaires entre les lettres A,B,C, les quaternaires entre les lettres A,B,C,D, etc., en rejetant chaque fois les combinaisons qui renferment la même lettre plus d'une fois, on aura les divers termes qui composeront le produit des nombres

$$(A_1 + A_2 + \ldots + A_n)(B_1 + B_2 + \ldots + B_n) \times (C_1 + C_2 + \ldots + C_n) \times (D_1 + D_2 + \ldots + D_n) \times \ldots$$

Remarque 2. Pour obtenir le produit de $(A+a)(B+b)$, il suffira de combiner 2 à 2 les nombres AB ab, et de rejeter celle de ces combinaisons qui renferment des lettres de même nom. Or les combinaisons de AB ab 2 à 2 s'obtiennent évidemment en prenant les combinaisons 2 à 2 du groupe AB, celle 2 à 2 du groupe ab, puis en prenant chacune des combinaisons 1 à 1 du 1er groupe avec chacune des combinaisons 1 à 1 du 2e. On a donc pour les combinaisons des 4 lettres AB ab, 2 à 2, les arrangements suivants.

$$\begin{array}{l} AB, \; Aa, \; ab \\ Ab \\ Ba \\ Bb \end{array}$$

dont la somme sera $AB + (A + B)(a + b) + ab$.

Par conséquent, si nous rejetons les combinaisons Aa, Bb, qui renferment des lettres de même nom, nous aurons pour le produit $(A+a)$ par $(B+b)$

$$(A+a)(B+b) = AB + Ba + ab + Ab.$$

De même, pour obtenir le produit de $(A+a)(B+b)(C+c)$, il suffira de combiner 3 à 3 les lettres ABC abc, et de rejeter les combinaisons qui ne renferment pas des lettres toutes différentes de nom.

Mais, en partageant les lettres ABC abc, en deux groupes, savoir ABC et abc, il est clair que les combinaisons 3 à 3 des 6 lettres ABC abc s'obtiendront en combinant :

1° 3 à 3 les lettres du 1er groupe ; ce qui donnera la combinaison ABC ;

2° En prenant chacune des combinaisons 2 à 2 du 1er groupe, avec chacune des combinaisons 1 à 1 du 2° ; ce qui donnera

$$(AB + AC + BC)(a + b + c) ;$$

3° En prenant chacune des combinaisons 1 à 1 du 1er groupe, avec chacune des combinaisons 2 à 2 du 2° ; ce qui donnera

$$(A + B + C)(ab + ac + bc) ;$$

4° Enfin, en prenant les combinaisons 3 à 3 du 2° groupe, ou abc.

On a donc pour les combinaisons demandées,

$$
\begin{aligned}
&ABC + ABa + Aab + abc \\
&\quad\; ABb + Aac \\
&\quad\; ABc + Abc \\
&\quad\; ACa + Bab \\
&\quad\; ACb + Bac \\
&\quad\; ACc + Bbc \\
&\quad\; BCa + Cab \\
&\quad\; BCb + Cac \\
&\quad\; BCc + Cbc.
\end{aligned}
$$

Or, si nous rejetons les combinaisons qui renferment plus d'une fois des lettres de même nom, telles que ABa, ACc, Aac, etc., nous aurons pour le produit demandé

$$
\begin{aligned}
(A + a)(B + b)(C + c) = {}& ABC + ABc + Abc + abc \\
& + ACb + Bac \\
& + BCa + Cab.
\end{aligned}
$$

On remarquera que la 2° colonne renferme les combinaisons 1 à 1 des lettres a,b,c, respectivement multipliées par les combinaisons 2 à 2 de nom différent des lettres A,B,C ; et que la 3° colonne renferme les combinaisons 2 à 2 des lettres a,b,c, avec les combinaisons 1 à 1, de nom différent, des lettres a,b,c. D'où il suit que le nombre des termes de la 2° colonne est égal à celui des combinaisons 1 à 1 des lettres a,b,c, et que celui de la 3° colonne est égal au nombre des combinaisons 2 à 2 des mêmes lettres.

On verra de même que le produit des quatre facteurs $(A + a)(B + b)(C + c)$ $(D + d)$, s'obtiendra en combinant séparément 4 à 4, 3 à 3, 2 à 2, 1 à 1 les lettres des groupes ABCD, et $abcd$, puis en multipliant les combinaisons 3 à 3 par celles 1 à 1, les combinaisons 2 à 2 par les combinaisons 2 à 2, de manière que les lettres de chaque produit partiel soient toutes différentes de nom.

En effectuant les opérations, on trouvera pour les combinaisons de chaque groupe respectivement :

$$1^{er}\ Groupe. \qquad\qquad\qquad 2^e\ Groupe.$$

$$4 \text{ à } 4 \ldots \text{ ABCD} \qquad\qquad\qquad abcd \ldots 4 \text{ à } 4$$

$$3 \text{ à } 3 \ldots \begin{cases} \text{ABC} \ldots\ldots\ldots\ldots d \\ \text{ABD} \ldots\ldots\ldots\ldots c \\ \text{ACD} \ldots\ldots\ldots\ldots b \\ \text{BCD} \ldots\ldots\ldots\ldots a \end{cases} \ldots 1 \text{ à } 1$$

$$2 \text{ à } 2 \ldots \begin{cases} \text{AB} \ldots\ldots\ldots\ldots cd \\ \text{AC} \ldots\ldots\ldots\ldots bd \\ \text{AD} \ldots\ldots\ldots\ldots bc \\ \text{BC} \ldots\ldots\ldots\ldots ad \\ \text{BD} \ldots\ldots\ldots\ldots ac \\ \text{CD} \ldots\ldots\ldots\ldots ab \end{cases} \ldots 2 \text{ à } 2$$

$$1 \text{ à } 1 \ldots \begin{cases} \text{A} \ldots\ldots\ldots\ldots bcd \\ \text{B} \ldots\ldots\ldots\ldots acd \\ \text{C} \ldots\ldots\ldots\ldots abd \\ \text{D} \ldots\ldots\ldots\ldots acb \end{cases} \ldots 3 \text{ à } 3$$

$$(A+a)(B+b)(C+c)(D+d) = ABCD + ABC.d + AB.cd + A.bcd + abcd$$
$$+ ABD.c + AC.bd + B.acd$$
$$+ ACD.b + AD.bc + C.abd$$
$$+ BCD.a + BC.ad + D.acb$$
$$+ BD.ac$$
$$+ CD.ab.$$

On remarquera que le nombre de termes de la 2e colonne est égal au nombre de combinaisons 3 à 3 ; celui de la colonne suivante, au nombre de combinaisons 2 à 2 ; et enfin celui de la 4e, au nombre de combinaisons 1 à 1 de 4 lettres, ou d'autant de lettres que le produit contient de facteurs.

Il est aisé d'étendre ce résultat à un nombre quelconque de facteurs de la forme $A+a$, $B+b$, etc.

Remarque 3. Si dans le produit précédent, on fait $A = B = C = D$, il est clair qu'on trouvera

$$(A+a)(A+b)(A+c)(A+d) = A^4 + A^3.d + A^2.cd + A.bcd + abcd$$
$$+ A^3.c + A^2.bd + A.acd$$
$$+ A^3.b + A^2.bc + A.abd$$
$$+ A^3.a + A^2.ad + A.acb$$
$$+ A^2.ac$$
$$+ A^2.ab$$
$$= A^4 + (a+b+c+d).A^3 + (ab+ac+ad+bc+bd+cd).A^2 + (acb+abd+acd$$
$$+bcd).A + abcd.$$

En général, si nous désignons par $(m.p)$ la somme des combinaisons p à p

de m lettres, on conclura aisément que le produit de m facteurs de la forme $A+a$, $B+b$, etc., est égal à un nombre relatif composé, rapporté aux unités de tous les ordres de A, depuis zéro jusqu'à m inclusivement, et que les coefficients des nombres simples qui le constituent, ont pour valeur générale $(m.p)$.

On aura donc, pour ce produit,

$$(1) \quad (A+a)(A+b)(A+c)\ldots = A^m + (m.1).A^{m-1} + (m.2).A^{m-2} + (m.3).A^{m-3} +$$
$$\ldots + (m.\overline{m-2}).A^2 + (m.\overline{m-1}).A^1 + (m.m).A^\circ,$$

dans lequel les coefficients $(m.1)$, $(m.2)$, $(m.3)$, etc., ont respectivement pour valeur les sommes des combinaisons 1 à 1, 2 à 2, 3 à 3, etc., des m lettres a, b, c, ...

Si nous désignons, en général, par $[m.p]$ le *nombre* de combinaisons de m lettres p à p, il est clair que les sommes de combinaisons marquées par $(m.1)$, $(m.2)$, $(m.3)$, etc., seront composées chacune d'un nombre de termes respectivement égal à

$$[m.1], \, [m.2], \, [m.3], \text{ etc.}$$

Remarque 4. Si dans les coefficients

$$(m.1) = a+b+c+d+\ldots$$
$$(m.2) = ab+ac+ad+bc+\ldots$$
$$(m.3) = abc+abd+\ldots$$
$$\text{etc.,} \qquad \text{etc.,}$$

on fait
$$a = b = c = d = \text{etc.,}$$

il est clair que ces coefficients deviendront respectivement

$$(m.1) = [m.1].a$$
$$(m.2) = [m.2].a^2$$
$$(m.3) = [m.3].a^3$$
$$\text{etc.,} \qquad \text{etc.}$$
$$(m.\overline{m-2}) = [m.m-2].a^{m-2}$$
$$(m.\overline{m-1}) = [m.m-1].a^{m-1}$$
$$(m.m) = [m.m].a^m.$$

Mais, dans cette supposition, le produit $(A+a)(A+b)\ldots$ se changera en $(A+a)(A+a)\ldots$, c'est-à-dire en unité relative de l'ordre m, ayant pour base la somme des deux nombres $A+a$.

Il suit de là qu'une unité relative d'un ordre quelconque m, de la forme *binomiale* $A+a$, est égale à un nombre composé dont les nombres simples ont en général pour coefficient $[m.p]$, et pour unité $A^{m-p}.a^p$. En effet, la formule (1) devient, pour $a = b = c = $ etc.,

$$(II) \ldots \quad (A+a)^m = A^m + [m.1].a^1.A^{m-1} + [m.2].a^2.A^{m-2} + [m.3].a^3.A^{m-3} + \ldots$$
$$+ [m.\overline{m-2}]a^{m-2}A^2 + [m.\overline{m-1}]a^{m-1}A^1 + [m.m]a^m.A^\circ.$$

Si l'on fait m successivement égal à 1, 2, 3, 4, etc., on trouvera d'abord

$[m.1] = [1.1] = 1 \quad [m.1] = [2.1] = 2 \quad\quad [m.1] = [3.1] = 3$

$[m.2] = [1.2] = 0 \quad [m.2] = [2.2] = \dfrac{2.1}{1.2} = 1, \quad [m.2] = [3.2] = \dfrac{3.2}{1.2} = 6$

$$[m.3] = [2.3] = 0 \quad\quad\quad [m.3] = [3.3] = \dfrac{3.2.1}{1.2.3} = 1$$

$$[m.4] = [4.3] = 0$$

$[m.1] = [4.1] = 4$

$[m.2] = [4.2] = \dfrac{4.3}{1.2} = 6$

$[m.3] = [4.3] = \dfrac{4.3.2}{1.2.3} = 4$

$[m.4] = [4.4] = \dfrac{4.3.2.1}{1.2.3.4} = 1$

$[m.5] = [4.5] = 0$

etc.,   etc.

Par conséquent l'égalité (II) devient, pour ces valeurs, respectivement

$(A + a)^1 = A^1 + [1.1]a^1.A^0 = A^1 + a^1$

$(A + a)^2 = A^2 + [2.1].a^1A^1 + [2.2].a^2.A^0 = A^2 + 2a^1A^1 + A^2$

$(A + a)^3 = A^3 + [3.1].a^1A^2 + [3.2].a^2.A^1 + [3.3]a^3.A^0 = A^3 + 3a^1A^2 + 3.a^2A' + a^3$

$(A + a)^4 = A^4 + [4.1]aA^3 + [4.2].a^2A^2 + [4.3]a^3A + [4.4].a^4A^0 = A^4 + 4a^1A^3 + 6a^1A^2$
$$+ 4a^3A^1 + a^4$$

etc. =   etc.

Remarque 5. Si dans l'expression (I), on fait $a = 0$, $b = a$, $c = 2a$, $d = 3a$, etc., il est clair que les coefficients que nous avons désignés par $(m.p)$ auront pour valeur

$(m.1) = 0 + 1a + 2a + 3.a + \ldots + \overline{m - 1}.a = (1 + 2 + 3 + \ldots + \overline{m - 1}.)a$

$(m.2) = (1.2.a^2 + 1.3.a^2 + \ldots + 2.3.a^2 + 2.4.a^2 + \ldots) = (1.2 + 1.3 + \ldots + 2.3$
$$+ 2.4 + \ldots)a^2$$

$(m.3) = (1.2.3.a^3 + 1.3.4.a^3 + \ldots + 2.3.4.a^3 + \ldots) = (1.2.3 + 1.3.4 + \ldots$
$$+ 2.3.4 + \ldots)a^3$$

etc.,   etc.

Si donc, nous désignons par $(M - 1)p$, la somme des produits différents p à p, des $m - 1$ premiers nombres naturels, nous aurons

$$(m.1) = (M - 1)_1.a, \ (m.2) = (M - 1)_2.a^2, \ (m.3) = (M - 1)_3.a^3, \text{ etc.;}$$

par conséquent l'expression (I) se changera en

(III) $A(A + a)(A + 2a)(A + 3a)\ldots(A + \overline{m - 1}.a) = A^m + (M - 1)_1.a.A^{m-1}$
$$+ (M - 1)_2a^2A^{m-2} + (M - 1)_3.a^3.A^{m-3} + \ldots + (M - 1)_{m-1}.a^{m-1}.$$

On nomme *factorielles* les produits de la forme $A(A + a)(A + 2a)\ldots$, dans lesquels les facteurs forment une progression arithmétique du 1er ordre. La quantité A se nomme la *base*, et la raison a, l'*accroissement* de la factorielle. On exprime ces sortes de quantités en donnant à la base un exposant qui se compose du nombre des facteurs, séparé de l'accroissement par un trait. D'après cela, on représentera les produits

$$A(A+a), \text{ par } A^{2/a};$$
$$A(A+a)(A+2a), \text{ par } A^{3/a};$$
$$\text{etc.}$$

Et en général,

$$A(A+a)(A+2a)(A+3a) \ldots (A+\overline{m-1}.a), \text{ par } A^{m/a};$$
$$A(A-a)(A-2a)(A-3a) \ldots (A-\overline{m-1}.a), \text{ par } A^{m/-a}.$$

On voit que si l'accroissement était *nul*, la factorielle se changerait en une unité relative de l'ordre marqué par le nombre de ses facteurs.

Les nombres A^m et $A^{m/a}$ présentent plusieurs analogies qu'il importe de faire connaître.

En séparant le 1er, les 2 premiers, les 3 premiers, etc., facteurs du produit

$$A^{m/a} = A(A+a)(A+2a) \ldots (A+\overline{m-1}.a),$$

on pourra écrire successivement,

$$A^{m/a} = A \times (A+a)(A+2a) \ldots (A+a\overline{m-1}.a) = A^{1/a} \times (A+a)^{m-/a}$$
$$A^{m/a} = A(A+a) \times (A+2a)(A+3a) \ldots (A+\overline{m-1}.a) = A^{2/a} \times (A+2a)^{m-2/a}$$
$$A^{m/a} = A(A+a)(A+2a) \times (A+3a)(A+4a) \ldots (A+\overline{m-1}.a) = A^{3/a} \times (A+3a)^{m-3/a}$$
$$\text{etc.,} \qquad \text{etc.;}$$

donc en général,

$$(1) \qquad A^{m/a} = A^{p/a} \times (A+pa)^{m-p/a}.$$

Faisons $m = p+n$; on aura $m-p=n$, et par conséquent,

$$A^{m+p/a} = A^{p/a} \times (A+pa)^{n/a};$$

propriété analogue à celle des unités, savoir :

$$A^{n+p} = A^p \times A^n.$$

En changeant p en n, l'expression (1) devient

$$(2) \qquad A^{m/a} = A^{n/a} \times (A+na)^{m-n/a};$$

on a donc

$$A^{p/a} \times (A+pa)^{n/a} = A^{n/a} \times (A+na)^{p/a}.$$

Ceci prouve que l'on peut échanger entre eux p et n, de même que cela se fait pour les produits $A^n \times A^p$, sans changer la valeur de l'expression.

2° Si de la factorielle

$$A(A+a)(A+2a) \ldots (A+\overline{m-3}.a)(A+\overline{m-2}.a)(A+\overline{m-1}.a) = A^{m/a},$$

nous ôtons successivement le dernier, les 2 derniers, etc., facteurs, si nous posons

$$(A+\overline{m-1}.a) = (A+\overline{m-1}.a)^{1/a}$$
$$(A+\overline{m-2}.a)(A+\overline{m-1}.a) = (A+\overline{m-2}.a)^{2/a},$$
$$(A+\overline{m-3}.a)(A+\overline{m-2}.a)(A+\overline{m-1}.a) = (A+\overline{m-3}.a)^{3/a}, \text{ etc.,}$$

il est clair que nous prenons de la factorielle totale, successivement, des parties marquées par

$$(A + \overline{m-1})^{1/a}, \; (A + \overline{m-2.a})^{2/a}, \; (A + \overline{m-3.a})^{3/a}, \text{ etc.,}$$

et par conséquent, les facteurs restants auront pour valeur respectivement

$$\frac{A^{m/a}}{(A + \overline{m-1.a})^{1/a}}, \; \frac{A^{m/a}}{(A + \overline{m-2.a})^{2/a}}, \; \frac{A^{m/a}}{(A + \overline{m-3.a})^{3/a}}, \text{ etc.}$$

Mais en supprimant, dans la factorielle totale, successivement le dernier, les deux derniers, les trois derniers, etc., facteurs, les factorielles partielles restantes seront respectivement

$$A(A + a)(A + 2a) \ldots (A + \overline{m-3.a})(A + \overline{m-2.a}) = A^{m-1/a}$$
$$A(A + a)(A + 2a) \ldots (A + \overline{m-3.a}) \qquad\qquad = A^{m-2/a}$$
$$A(A + a)(A + 3a) \ldots (A + \overline{m-4.a}) \qquad\qquad = A^{m-3/a}$$
$$\text{etc.,} \qquad\qquad \text{etc.}$$

On a donc les identités

$$\frac{A^{m/a}}{(A + \overline{m-1.a})^{1/a}} = A^{m-1/a}, \quad \frac{A^{m/a}}{(A + \overline{m-2.a})^{2/a}} = A^{m-2/a},$$

$$\frac{A^{m/a}}{(A + \overline{m-3.a})^{3/a}} = A^{m-3/a}, \text{ etc.}$$

D'où l'on conclut qu'on a, en général,

$$\frac{A^{m/a}}{(A + \overline{m-p.a})^{p/a}} = A^{m-p/a}. \quad \ldots \quad (3)$$

Cette propriété des factorielles est complétement analogue à la suivante

$$\frac{A^m}{A^p} = A^{m-p}.$$

Si l'on fait dans (3) $m = p$, on a $A^{0/a} = \dfrac{A^{m/a}}{A^{m/a}} = 1$; ce qui fait voir que l'expression $A^{0/a}$ est égale à l'unité aussi bien que A^0.

De plus, si dans (3) on fait $m = 0$, on trouvera

$$A^{-p/a} = \frac{A^{0/a}}{(A - pa)^{p/a}} = \frac{1}{(A - pa)^{p/a}} \, ;$$

expression semblable à $\qquad\qquad A^{-p} = \dfrac{1}{A^p}.$

Les factorielles sont susceptibles de plusieurs autres transformations fondamentales, dont nous allons indiquer les plus ordinaires.

1° Transformation de la base.

En prenant de chaque facteur une partie marquée par la base A, et en multipliant le résultat par A^m, la factorielle ne changera pas ; on a donc :

$$A^{m/a} = A^m . \frac{A + a}{A} . \frac{A + 2a}{A} . \frac{A + 3a}{A} \ldots ;$$

ou $\qquad\qquad A^{m/a} = A^m \left(\frac{A}{A} + \frac{a}{A}\right)\left(\frac{A}{A} + \frac{2a}{A}\right)\left(\frac{A}{A} + \frac{3a}{A}\right) \ldots ;$

$$A^{m/a} = A^m \left(\frac{A}{A}+\frac{a}{A}\right)\left(\frac{A}{A}+\frac{2a}{A}\right)\left(\frac{A}{A}+\frac{3a}{A}\right)\cdots\,;$$

ou

$$A^{m/a} = A^m\left(1+\frac{a}{A}\right)\left(1+\frac{2a}{A}\right)\left(1+\frac{3a}{A}\right)\cdots = A^m.(1)^{\frac{m/a}{A}}.$$

Si l'on multiplie par B chacun des facteurs du 2e membre, et par B^m le 1er, l'égalité précédente ne change pas, et l'on aura

$$B^m.A^{m/a} = A^m\left(B+\frac{a.B}{A}\right)\left(B+\frac{2aB}{A}\right)\left(B+\frac{3aB}{A}\right)\cdots = A^m(B)^{\frac{m/aB}{A}},$$

par conséquent, en prenant la B^mième partie des 2 membres, on aura, pour la transformation demandée,

$$A^{m/a} = \frac{A^m}{B^m}(B)^{\frac{m/aB}{A}}.$$

2° *Transformation de l'accroissement.*

Si l'on prend de chaque facteur de la factorielle la aième partie, et en multipliant après par a^m, elle ne changera pas de valeur, et l'on aura

$$A^{m/a} = a^m\left(\frac{A}{a}+1\right)\left(\frac{A}{a}+2\right)\left(\frac{A}{a}+3\right)\cdots = a^m\left(\frac{A}{a}\right)^{m/1}.$$

Multiplions le premier membre par r^m, et chacun des m facteurs du 2° par r, on aura

$$r^m.A^{m/a} = a^m\left(\frac{Ar}{a}+r\right)\left(\frac{Ar}{a}+2r\right)\left(\frac{Ar}{a}+3r\right)\cdots = a^m\left(\frac{Ar}{a}\right)^{m/r}\,;$$

on a donc pour la transformation demandée

$$A^{m/a} = \frac{a^m}{r^m}.\left(\frac{Ar}{a}\right)^{m/r}.$$

3° *Changement du signe des facteurs.*

Comme on a

$$A^{m/a} = a^m.\left(\frac{A}{a}+1\right)\left(\frac{A}{a}+2\right)\cdots\left(\frac{A}{a}+m-1\right) = a^m.\left(\frac{A}{a}\right)^{m/1},$$

il est clair qu'en changeant les signes de tous les facteurs, et en multipliant par $(-1)^m$, on aura encore

(a) $A^{m/a} = (-1)^m.a^m\left(-\frac{A}{a}-1\right)\left(-\frac{A}{a}-2\right)\cdots\left(-\frac{A}{a}-m+1\right) = (-1)^m.a^m.\left(-\frac{A}{a}\right)^{m/-1}.$

On aura donc aussi

(b) $\quad\cdots\quad B^{m/a} = (-1^m.a^m\left(-\frac{B}{a}\right)^{m/-1}\,;$

(c) $\quad\cdots\quad$ et $(A+B)^{m/a} = (-1)^m.a^m\left(-\frac{A}{a}-\frac{B}{a}\right)^{m/-1}.$

4° Transformation des factorielles à base binome en somme de factorielles à base monome.

Soient ABCD ... *abcd* ... deux groupes de m lettres, le 1er ABCD ... composé de n, l'autre *abcd*... de p lettres, en sorte que l'on ait $m = n + p$; il est clair qu'on obtiendra

1° Les combinaisons 2 à 2 de ces m lettres, en prenant les combinaisons 2 à 2 du 1er groupe, plus les combinaisons 1 à 1 du 1er groupe, prises avec les combinaisons 1 à 1 de nom différent du 2°, plus les combinaisons 2 à 2 du 2° groupe;

2° Les combinaisons 3 à 3 de ces m lettres, en prenant les combinaisons 3 à 3 du 1er groupe; les combinaisons 2 à 2 de ce groupe, combinées avec les combinaisons 1 à 1 de nom différent du 2° groupe; plus les combinaisons 1 à 1 du 1er groupe, avec les combinaisons 2 à 2 de nom différent du 2°; plus enfin les combinaisons 3 à 3 des lettres du 2° groupe; et ainsi de suite.

Donc si nous désignons, en général, par $(n.k)$ la somme des combinaisons k à k du 1er groupe, composé de n lettres; par $(p.r)$, les combinaisons r à r du 2° groupe, composé de p lettres; par $(n.k)$ $(p.r)$ la somme des combinaisons k à k du premier groupe, prises avec les combinaisons r à r de nom différent du 2° groupe, et enfin par $(n+p.h)$ la somme des combinaisons des m, ou $n+p$ lettres h à h, on aura successivement

$$(n+p.2) = (n.2) + (n.1)\,(p.1) + (p.2)$$
$$(n+p.3) = (n.3) + (n.2)\,(p.1) + (n.1)\,(p.2) + (p.3)$$
$$(n+p.4) = (n.4) + (n.3)\,(p.1) + (n.2)\,(p.2) + (n.1)\,(p.3) + (p.4)\,;$$

et en général,

$$(n+p.k) = (n.k) + (n.k-1)\,(p.1) + (n.k-2)\,(p.2) + (n.k-3)\,(p.3) \ldots + (p.k).$$

Il suit de là, que si nous désignons par

$$[n+p.k],\ [n.k],\ [n.k-r]\,[p.r],\ [p.k],$$

respectivement les nombres des combinaisons marquées par les sommes

$$(n+p.k),\ (n.k),\ (n.k-r)\,(p.r),\ (p.k),$$

on aura pareillement

$$(d)\ldots [n+p.k] = [n.k] + [n.k-1]\,[p.1] + [n.k-2]\,[p.2] + [n.k-3]\,[p.3] + \ldots$$
$$+ [p.k].$$

En faisant $k = 1, 2, 3$, etc., ces expressions deviennent respectivement

$$[n+p.1] = [n.1] + [p.1]$$
$$[n+p.2] = [n.2] + [n.1]\,[p.1] + [p.2]$$
$$[n+p.3] = [n.3] + [n.2]\,[p.1] + [n.1]\,[p.2] + [p.3].$$
$$\text{etc.,} \qquad \text{etc.}$$

Mais on a , par la théorie des combinaisons ,

$$[n+p.k] = \frac{(n+p)(n+p-1)(n+p-2)\ldots(n+p-k+1)}{1.2.3\ldots k} = \frac{(n+p)^{k}/_{-1}}{k!}$$

$$[n.k] = \frac{n(n-1)(n-2)\ldots(n-k+1)}{1.2.3\ldots k} = \frac{n^{k}/_{-1}}{k!}$$

$$[n.k-1][p.1] = \frac{n(n-1)\ldots(n-k+2)}{1.2\ldots k-1}\cdot\frac{p}{1} = \frac{n^{k-1}/_{-1}}{k-1!}\cdot\frac{p}{1}$$

$$[n.k-2[p.2] = \frac{n(n-1)\ldots(n-k+3)}{1.2\ldots k-2}\cdot\frac{p(p-1)}{1.2} = \frac{n^{k-2}/_{-1}}{k-2!}\cdot\frac{p^{2}/_{-1}}{2!}$$

$$[n.k-3][p.3] = \frac{n(n-1)\ldots(n-k+4)}{1.2\ldots k-3}\cdot\frac{p(p-1)(p-2)}{1.2.3} = \frac{n^{k-3}/_{-1}}{k-3!}\cdot\frac{p^{3}/_{-1}}{3!}$$

etc.,   etc.,

par conséquent l'égalité (d) devient

$$(e)\ldots\frac{(n+p^{k}/_{-1}}{k!} = \frac{n^{k}/_{-1}}{k!} + \frac{n^{k-1}/_{-1}}{k-1!}\cdot\frac{p}{1} + \frac{n^{k-2}/_{-1}}{k-2!}\cdot\frac{p^{2}/_{-1}}{2!} + \frac{n^{k-3}/_{-1}}{k-3!}\cdot\frac{p^{3}/_{-1}}{3!} + \ldots + \frac{p^{k}/_{-1}}{k!}$$

Or si l'on pose

$$n = -\frac{A}{a},\ p = -\frac{B}{a},\ k = m,$$

on aura , en substituant dans (e) ,

$$\frac{\left(-\frac{A}{a}-\frac{B}{a}\right)^{m}/_{-1}}{m!} = \frac{\left(-\frac{A}{a}\right)^{m}/_{-1}}{m!} + \frac{\left(-\frac{A}{a}\right)^{m-1}/_{-1}\left(-\frac{A}{a}\right)}{m-1!}\cdot\frac{}{1} +$$

$$+ \frac{\left(-\frac{A}{a}\right)^{m-2}/_{-1}\left(-\frac{B}{a}\right)^{2}/_{-1}}{m-2!\ 2!} + \frac{\left(-\frac{A}{a}\right)^{m-3}/_{-1}\left(-\frac{B}{a}\right)^{3}/_{-1}}{m-3!\ 3!} + \ldots + \frac{\left(-\frac{B}{a}\right)^{m}/_{-1}}{m!};$$

ou bien en multipliant tous les termes par $m!$

$$(f)\ldots\left(-\frac{A}{a}-\frac{B}{a}\right)^{m}/_{-1} = \left(-\frac{A}{a}\right)^{m}/_{-1} + \frac{m!}{1.m-1!}\times\left(-\frac{A}{a}\right)^{m-1}/_{-1}\left(-\frac{B}{a}\right) + \frac{m!}{2!\ m-2!}$$

$$\times\left(-\frac{A}{a}\right)^{m-2}/_{-1}\left(-\frac{B}{a}\right)^{2}/_{-1} + \frac{m!}{3!\ m-3!}\left(-\frac{A}{a}\right)^{m-3}/_{-1}\left(-\frac{B}{a}\right)^{2}/_{-1} + \ldots + \left(-\frac{B}{a}\right)^{m}/_{-1}.$$

Mais on a

$$\frac{m!}{1.m-1!} = \frac{1.2.3\ldots m-1.m}{1.1.2.3\ldots m-1} = \frac{m}{1} = [m.1]$$

$$\frac{m!}{2!\ m-2!} = \frac{1.2.3\ldots(m-2)(m-1).m}{1.2.3\ldots(m-2).\ 1.2} = \frac{(m-1)m}{1.2} = [m.2]$$

$$\frac{m!}{3!\ m-3!} = \frac{1.2.3\ldots(m-3)(m-2)(m-1)m}{1.2.3\ldots(m-3).\ 1.2.3} = \frac{(m-2)(m-1)m}{1.2.3} = [m.3]$$

etc.,   etc.,

par conséquent l'égalité (f) devient

$$(g) \quad \left(-\frac{A}{a}-\frac{B}{a}\right)^{m/-1} = \left(-\frac{A}{a}\right)^{m/-1} + [m.1]\left(-\frac{A}{a}\right)^{m-1/-1}\left(-\frac{B}{a}\right) +$$

$$+[m.2]\left(-\frac{A}{a}\right)^{m-2/-1}\left(-\frac{B}{a}\right)^{2/-1} + [m.3]\left(-\frac{A}{a}\right)^{m-3/-1}\left(-\frac{B}{a}\right)^{3/-1} + \ldots + \left(-\frac{B}{a}\right)^{m/-1};$$

mais les égalités (a), (b) et (c) de la 3ᵉ transformation donnant respectivement

$$\left(-\frac{A}{a}\right)^{m/-1} = \frac{A^{m/a}}{(-1)^m.a^m}, \quad \left(-\frac{B}{a}\right)^{m/-1} = \frac{B^{m/a}}{(-1)^m.a^m},$$

$$\left(-\frac{A}{a}-\frac{B}{a}\right)^{m/-1} = \frac{\left(A+B\right)^{m/a}}{(-1)^m.a^m} \quad ;$$

par conséquent, en faisant m successivement égal à m, $m-1$, $m-2$, ... 2, 1, et en substituant les valeurs obtenues dans (g), on aura :

$$(h) \quad \frac{(A+B)^{m/-1}}{(-1)^m.a^m} = \frac{A^{m/a}}{(-1)^m.a^m} + [m.1]\frac{A^{m-1/a}B^{1/a}}{(-1)^{m-1}.a^{m-1}.(-1)^1.a^1} +$$

$$+[m.2].\frac{A^{m-2/a}B^{2/a}}{(-1)^{m-2}.a^{m-2}.(-1)^2.a^2} + [m.3].\frac{A^{m-3/a}B^{3/a}}{(-1)^{m-3}.a^{m-3}.(-1)^3.a^3} + \ldots + \frac{B^{m/a}}{(-1)^m.a^m}.$$

Mais comme on a, en général,

$$(-1)^{m-k}.a^{m-k}.(-1)^k.a^k = (-1)^{m-k+k}.a^{m-k+k} = (-1)^m.a^m,$$

il est clair que (h) deviendra :

$$\frac{(A+B)^{m/a}}{(-1)^m.a^m} = \frac{A^{m/a}}{(-1)^m.a^m} + [m.1].\frac{A^{m-1/a}B^{1/a}}{(-1)^m.a^m} + [m.2].\frac{A^{m-2/a}B^{2/a}}{(-1)^m.a^m} + [m.3].\frac{A^{m-3/a}B^{3/a}}{(-1)^m.a^m}$$

$$+ \ldots + \frac{B^{m/a}}{(-1)^m.a^m}.$$

D'où l'on tire, en multipliant tout par $(-1)^m.a^m$, la transformation cherchée

$$(k) \ldots (A+B)^{m/a} = A^{m/a} + [m.1].A^{m-1/a}B^{1/a} + [m.2].A^{m-2/a}B^{2/a} + [m.3]A^{m-3/a}B^{3/a} +$$

$$+ \ldots + B^{m/a}.$$

Cette formule présente une analogie frappante avec la formule (II), pour la transformation des unités binomes relatives. De plus, cette dernière se déduit aisément de la précédente.

En effet pour $a = 0$, la factorielle

$$A^{m-k/a} B^{k/a}$$

se change en l'unité relative

$$A^{m-k} B^k.$$

Par conséquent, si nous posons $a = 0$, dans (k), on obtiendra

$$(A+B)^m = A^m + [m.1]A^{m-1}B^1 + [m.2].A^{m-2}B^2 + \ldots + B^m,$$

formule qui serait identique avec (II), si l'on y faisait $B = a$.

Remarque 6. Comme on a

$$A(A+a)(A+2a)(A+3a)\ldots(A+\overline{m-1}a) = A^m + (M-1)_1 a A^{m-1} + (M-1)_2 a^2 A^{m-2} +$$
$$+ (M-1)_3 a^3 A^{m-3} + \text{etc.},$$

il serait utile de savoir calculer les coefficients $(M-1)_1$, $(M-1)_2$, etc., d'une manière facile, les uns par les autres, sans être obligé d'effectuer les opérations marquées par les sommes que ces coefficients représentent.

Or, si nous désignons par

$$M_1, \quad M_2, \quad M_3, \quad \text{etc.,}$$

respectivement les sommes des produits 1 à 1, 2 à 2, 3 à 3, etc., des m premiers nombres naturels, il est clair que l'on aura

$$\ldots (A+a)(A+2a)\ldots(A+ma) = (A+a)^{m/a} = A^m + M_1 a A^{m-1} + M_2 a^2 A^{m-2} +$$
$$+ M_3 a^3 A^{m-3} + M_4 a^4 A^{m-4} + \text{etc.}$$

En multipliant les 2 membres par A, il viendra

$$(1) \ldots A(A+a)(A+2a)\ldots(A+ma) = A(A+a)^{m/a} = A^{m+1/a} = A^{m+1} + M_1 a A^m +$$
$$+ M_2 a^2 A^{m-1} + M_3 a^3 A^{m-2} + M_4 a^4 A^{m-3} + \ldots$$

mais comme on a

$$A(A+a)(A+2a)\ldots(A+\overline{m-1}.a)(A+ma) = [A+ma] \times A(A+a)(A+2a)\ldots$$
$$(A+\overline{m-1}.a),$$

il est clair que l'on aura aussi

$$A^{m+1/a} = [A+ma][A^{m/a}] = [A+ma][A^m + (M-1)_1 a A^{m-1} + (M-1)_2 a^2 A^{m-2} +$$
$$+ (M-1)_3 a^3 A^{m-3} + \ldots].$$

ou, en effectuant la multiplication indiquée,

$$(2) \ldots A^{m+1/a} = A^{m+1} + [m + (M-1)_1] a A^m + [m(M-1)_1 + (M-1)_2] a^2 A^{m-1} +$$
$$+ [m(M-1)_2 + (M-1)_3] a^3 A^{m-2} + \text{etc.}$$

En comparant les égalités (1) et (2), on en tire l'identité

$$A^{m+1} + M_1 a A^m + M_2 a^2 A^{m-1} + M_3 a^3 A^{m-3} + \ldots = A^{m+1} + [m + (M-1)_1] a A^m +$$
$$+ [m(M-1)_1 + (M-1)_2] a^2 A^{m-1} + [m(M-1)_2 + (M-1)_3] a^3 A^{m-2} + \text{etc.,}$$

et par conséquent les égalités

$$\left. \begin{aligned}
M_1 &= m + (M-1)_1 \\
M_2 &= m(M-1)_1 + (M-1)_2 \\
M_3 &= m(M-1)_2 + (M-1)_3 \\
M_4 &= m(M-1)_3 + (M-1)_4
\end{aligned} \right\} \quad (a)$$

$$\text{etc.,} \qquad \text{etc.}$$

Mais si l'on change A en $A+a$, dans la factorielle

$$A(A+a)(A+2a)\ldots(A+\overline{m-1}.a),$$

il est clair qu'elle devient

$$(A+a)\,(A+2a)\,\ldots\,(A+ma);$$

on a donc

$$(3)\;\ldots\;A^m+M_1aA^{m-1}+M_2a^2A^{m-2}+M_3a^3A^{m-3}+M_4a^4A^{m-4}+\text{ etc. }=$$
$$(A+a)^m+(M-1)_1a(A+a)^{m-1}+(M-1)_2a^2(A+a)^{m-2}+(M-1)_3a^3(A+a)^{m-3}+$$
$$(M-1)_4a^4(A+a)^{m-4}+\text{ etc.}$$

Mais on a, par la formule (II),

$$(A+a)^m=A^m+[m.1]aA^{m-1}+[m.2]a^2A^{m-2}+[m.3]a^3A^{m-3}+\ldots+$$
$$(A+a)^{m-1}=A^{m-1}+[m-1.1]aA^{m-2}+[m-1.2]a^2A^{m-3}+[m-1.3]a^3A^{m-4}+\ldots+$$
$$(A+a)^{m-2}=A^{m-2}+[m-2.1]aA^{m-3}+[m-2.2]a^2A^{m-4}+[m-2.3]a^3A^{m-5}+\ldots+$$
$$\text{etc.,}\qquad\text{etc.}$$

En substituant ces valeurs dans (3), et en effectuant les additions des termes rapportés à la même unité relative, on aura :

$$(4)\;\ldots\;A^m+M_1aA^{m-1}+M_2a^2A^{m-2}+M_3a^3A^{m-3}+M_4a^4A^{m-4}+\text{ etc. }=$$
$$A^m+\big\{[m.1]+(M-1)_1\big\}\,aA^{m-1}+\big\{[m.2]+[m-1.1](M-1)_1+(M-1)_2\big\}\,a^2A^{m-2}+$$
$$\big\{[m.3]+[m-1.2](M-1)_1+[m-2.1](M-1)_2+(M-1)_3\big\}\,a^3A^{m-3}+$$
$$\big\{[m.4]+[m-1.3](M-1)_1+[m-2.2](M-1)_2+[m-3.1](M-1)_3+$$
$$+(M-1)_4\big\}\,a^4A^{m-4}+\text{ etc.}$$

D'où l'on tire, en égalant les coefficients des mêmes unités :

$$\left.\begin{array}{l}M_1=[m.1]+(M-1)_1\\ M_2=[m.2]+[m-1.1](M-1)_1+(M-1)_2\\ M_3=[m.3]+[m-1.2](M-1)_1+[m-2.1](M-1)_2+\\ \qquad\qquad\qquad\qquad\qquad+(M-1)_3\\ M_4=[m.4]+[m-1.3](M-1)_1+[m-2.2](M-1)_2+\\ \qquad\qquad\qquad+[m-3.1](M-1)_3+(M-1)_4\end{array}\right\}\;(b)$$

$$\text{etc.,}\qquad\text{etc.}$$

Or si l'on compare les égalités (a) aux égalités (b), on en déduit

$$m+(M-1)_1=[m.1]+(M-1)_1$$
$$m(M-1)_1+(M-1)_2=[m.2]+[m-1.1](M-1)_1+(M-1)_2$$
$$m(M-1)_2+(M-1)_3=[m.3]+[m-1.2](M-1)_1+[m-2.1](M-1)_2+(M-1)_3$$
$$m(M-1)_3+(M-1)_4=[m.4]+[m-1.3](M-1)_1+[m-2.2](M-1)_2+$$
$$+[m-3.1](M-1)_3+(M-1)_4$$
$$\text{etc.,}\qquad\text{etc.,}$$

Ou bien, en supprimant les termes égaux $(M-1)_1$, $(M-1)_2$, etc., dans les

2 membres de la 1re, de la 2e, etc., et en mettant pour $[m.1]$, $[m-1.1]$, $[m-2.1]$, etc., respectivement leurs valeurs m, $m-1$, $m-2$, etc., on aura

$$m = m$$
$$m(M-1)_1 = [m.2] + (m-1)(M-1)_1$$
$$m(M-1)_2 = [m.3] + [m-1.2](M-1)_1 + (m-2)(M-1)_2$$
$$m(M-1)_3 = [m.4] + [m-1.3](M-1)_1 + [m-2.2](M-1)_2 + (m-3)(M-1)_3,$$
$$\text{etc.,} \qquad \text{etc.}$$

Si l'on retranche des deux membres de la 1re, de la 2^c, de la 3°, etc., de ces égalités, respectivement les termes $(m-1)(M-1)_1$, $(m-2)(M-1)_2$, $(m-3)(M-1)_3$, etc., on aura

$$m(M-1)_1 - (m-1)(M-1)_1 = [m.2]$$
$$m(M-1)_2 - (m-2)(M-1)_2 = [m.3] + [m-1.2](M-1)_1$$
$$m(M-1)_3 - (m-3)(M-1)_3 = [m.4] + [m-1.3](M-1)_1 + [m-2.2](M-1)_2,$$
$$\text{etc.,} \qquad \text{etc.,}$$

Mais on a :

$$m(M-1)_1 - (m-1)(M-1)_1 = (m-m+1)(M-1)_1 = 1.(M-1)_1$$
$$m(M-1)_2 - (m-2)(M-1)_2 = (m-m+2)(M-1)_2 = 2.(M-1)_2$$
$$m(M-1)_3 - (m-3)(M-1)_3 = (m-m+3)(M-1)_3 = 3.(M-1)_3,$$
$$\text{etc.,} \qquad \text{etc.}$$

Par conséquent

$$1.(M-1)_1 = [m.2]$$
$$2.(M-1)_2 = [m.3] + [m-1.2](M-1)_1$$
$$3.(M-1)_3 = [m.4] + [m-1.3](M-1)_1 + [m-2.2](M-1)_2,$$
$$\text{etc.,} \qquad \text{etc.,}$$

et en général

$$p.(M-1)_p = [m.p+1] + [m-1.p](M-1)_1 + [m-2.p-1](M-1)_2 + \ldots + {} + [m-p+1.2](M-1)_{p-1}.$$

Exemple. Calculer, par le moyen de ces formules, les sommes des produits 1 à 1, 2 à 2, 3 à 3, etc., des neufs premiers chiffres 1,2,3...8,9.

Pour cela, faisons $m = 10$, on aura

$$(M-1)_1 = [10.2] = \frac{10.9}{1.2} = 45$$

$$2(M-1)_2 = [10.3] + [9.2].45 = \frac{10.9.8}{1.2.3} + 45.\frac{9.8}{1.2} = 1740$$

$$3(M-1)_3 = [10.4] + [9.3].45 + [8.2].870$$
$$= \frac{10.9.8.7}{1.2.3.4} + \frac{9.8.7}{1.2.3}45 + \frac{8.7}{1.2}.870 = 28350,$$
$$\text{etc.,} \qquad \text{etc.}$$

La Table suivante donne ces produits pour les 9 premiers chiffres.

TABLE

Des produits 1 à 1, 2 à 2, etc., 9 à 9, pour les 9 premiers chiffres.

CHIFFRES.	1 à 1	2 à 2	3 à 3	4 à 4	5 à 5	6 à 6	7 à 7	8 à 8	9 à 9
1	1								
2	3	2							
3	6	11	6						
4	10	55	30	24					
5	15	85	225	270	120				
6	21	175	735	1624	1764	720			
7	28	322	1960	6769	13132	13068	5040		
8	36	546	4536	22449	67284	118124	109584	40320	
9	45	870	9450	62273	269325	723680	1172700	562880	986256